华章 IT

DESIGN FORCE
设计力

迅雷商业化设计中的方法论与最佳实践

邹惠斌　马志娟　著

机械工业出版社
China Machine Press

图书在版编目（CIP）数据

设计力：迅雷商业化设计中的方法论与最佳实践/邹惠斌，马志娟著．—北京：机械工业出版社，2018.3

ISBN 978-7-111-59355-3

I. 设⋯　II. ① 邹⋯　② 马⋯　III. 网站 - 设计　IV. TP393.092.2

中国版本图书馆 CIP 数据核字（2018）第 045124 号

本书由迅雷设计团队撰写，是迅雷首次系统对外输出他们在设计中的成熟方法论，得到了很多同行专家的高度认可。

迅雷设计团队将自己多年来在设计中经历的失败教训和获得的成功经验进行了系统化梳理，基于此构建了一套行之有效的设计方法论——EDMS（Experience Design Method System，体验设计方法体系）。从设计角度讲，该方法论涵盖了用户体验要素的 5 个层次——战略层、范围层、结构层、框架层、表现层，非常实用，在业界不多见，有很大的借鉴意义和参考价值。

本书与其他关注设计和用户体验类的书籍完全不同，它的重点不是体验设计本身，而是以商业化设计为导向，寻求商业价值和用户体验的平衡，最后的落脚点是如何应用这套体系提高产品体验和商业营收。将设计和商业深度的融合，在运营设计、品牌设计、创新设计等方面提供了大量的方法和实战案例，所有设计效果都能通过商业的数据指标来衡量。

所以，本书不仅适合一线的设计师，与之相关的产品经理、运营经理、品牌经理、前端工程师也能从中收获必须具备的设计知识；更重要的是，企业的管理者和经营者也能通过本书从商业角度发现设计对于企业的重要价值。

设计力：迅雷商业化设计中的方法论与最佳实践

出版发行：机械工业出版社（北京市西城区百万庄大街 22 号　邮政编码：100037）

责任编辑：孙海亮　　　　　　　　　　　　责任校对：李秋荣

印　　刷：中国电影出版社印刷厂　　　　　版　　次：2018 年 3 月第 1 版第 1 次印刷

开　　本：170mm×230mm　1/16　　　　　印　　张：19

书　　号：ISBN 978-7-111-59355-3　　　　定　　价：89.00 元

许多 UED 与产品团队一直都在寻求一套完整的体验设计方法体系来推动产品用户体验的创新，以拥抱技术的趋势，识别由新技术、新商业的发展而产生的用户新需求。迅雷团队总结和优化的 EDMS（Experience Design Method System）给行业带来一套整体化的设计思路，从战略层、范围层、结构层、框架层、表现层这五个层面，详细解析体验构建的思路和方法。同时，还深入介绍"设计 OKR"在体验设计方法体系下的制定方法，为推动和促进产品的用户价值与商业价值的实现带来丰富的实践案例。

胡晓，国际体验设计协会（IXDC）秘书长

迅雷的产品设计团队终于出版了这本源自多年产品实践的图书。在一线工作中形成自己团队的方法论体系，是一个团队成长的里程碑，相信书中的案例对大家有参考价值。

兰军，梅沙科技创始人

很高兴第一时间拿到惠斌送来的《设计力》这本书。花了点时间静静拜读，发现本书从不同的维度，系统全面地讲述了迅雷产品体验设计完整过程。书中更重结合实战案，这与我一直鼓励设计师要在产品中成长不谋而合。书中涉及的内容从产品定位、用户体验到产品的每一个环节，再到设计上的每一个细节，都能让我感到迅雷团队对产品和设计的精益求精，以及他们反复推敲、不断打磨的匠人之心。本书对产品设计经验的总结和思考无疑对设计师的成长有很大的帮助，可以说是十足的干货。感谢迅雷团队在产品体验设计道路上的努力。

朱君，UI 中国创始人

迅雷设计团队的 EDMS 体系结合了众多经典体验设计和团队运作方法的长处，并可运用在从体验到商业、从概念到优化等各个互联网设计工作场景。推荐从事互联网设计工作的设计师和团队吸收借鉴这套可预期、可执行、可监控的互联网设计方法体系。

纪晓亮，站酷网主编

迅雷看似一个下载工具，在默默地帮助用户轻快地享受互联网的海量内容。其背后是一支一直坚持努力的设计团队在做体验的支撑。这本书正是这个团队多年来打磨体验、打磨产品的经验提炼，对广大互联网从业者和设计从业者来说是很有价值的分享。

陈妍，腾讯用户研究与体验设计部总经理

优美的语言从来不缺乏聆听者，而精益的设计就是这样一种令人着迷的语言。无论是游戏设计还是互联网产品设计，利用这种语言都可以建立与用户之间的信任，帮用户消除疑惑，甚至可以给用户带来愉悦与享受。本书打开了迅雷 UED 团队的大门。大家通过本书可读实际案例，悟设计价值。

王海银，金山软件西山居 GEC 设计总监

体验设计对我来说不是个陌生的词汇。都说好的设计自己会说话，此话不假。陪伴了大多数 80 甚至 90 后度过了青葱岁月的迅雷下载也印证了迅雷 UED 团队的付出及价值。本书中也通过一个个实例记录着这个设计团队为打造更舒适的用户体验而做出的各种尝试及在体验优化方面的努力，我相信读者可以从中看到一个优秀的设计师是如何通过整体及细节打磨来提升产品的用户价值与商业价值的，这也是优秀设计的本原。

汪洋，云麦科技董事长 CEO

我坚信只有整合产品和服务各方面的体验设计，才能创造更大的用户价值和商业价值。无论你是设计师、产品经理还是创业者，迅雷用户体验团队在本书中所展现的思考和实践，都能给你很好的启发。

吴卓浩，创新工场人工智能工程院副总裁

作为一款陪伴用户十余年的产品，依然保持着极高的吸引力和用户黏性，这

本身就足以证明产品设计团队的价值和功力。该团队将宝贵的项目经验提炼成可传播的文字并著成本书。书中记录着每一次打磨产品细节、改善提升用户体验、发掘商业价值的过程。从产品的每一次量变到质变，相信你能够感受到设计的力量。

凌飞，京东 JDC 多终端研发部总监

《设计力》延承并创新了 Garrett 的用户体验五要素，从而构成一套体验设计的方法体系 EDMS，并被运用到不同的案例中。这套方法体系在关于商业价值和用户价值如何平衡的问题上给出了满意的答案，值得推荐学习。

林嘉鹏，连接资本创始人

近十年互联网飞速发展，同步造就了很多优秀而卓越的产品设计团队，其中就包含了迅雷的 UED 团队。《设计力》从迅雷操作过的实际案例出发，从"用户产品体验、商业化价值、品牌塑造"等多方面，解读体验设计思路及过程，沉淀切合实际的方法论，非常值得一读。

赵润，迅雷商业运营总监

"兵无常势，水无常形，能因敌变化而取胜者，谓之神"，由此可见，实战是最好的教科书，每一个实战案例背后都蕴藏着宝贵的思路与辩证过程，这超越了所有的理论。本书全部是迅雷 UED 团队实际项目的设计总结和案例分享，满满的干货，值得一读。

程峰，滴滴出行高级设计总监

前言

为何写作本书

什么样的设计才是好的设计？这个问题在业界一直都有不同的声音：有人认为以用户为中心的设计才是好的设计；有人认为用户有时候也不知道自己想要什么，我们应该给他们提供一些新的体验和尝试。两个观点并不矛盾，都是为了解决用户需求和用户体验的问题。然而仅仅满足了用户需求和用户体验还是远远不够的。互联网产品成熟后，都会进行商业化，此时设计师需要被赋予更大的使命和责任。用户体验设计是完成产品目标的一个重要而非全部的途径，对于商业产品，设计目标需要考虑和涵盖业务的商业目标。

这些年来，迅雷在设计方面有过很多尝试、实践和创新，也踩过不少坑。比如之前我们做产品设计时没有清晰的设计目标和设计评估指标，我们只是基于基础的理论知识，凭借设计师的经验和技术，本着满足产品需求的方式去完成每一个设计。单纯围绕产品业务目标的设计往往是以伤害用户体验为代价的。再比如，对创新设计没有足够的重视。记得设计迅雷文件邮时，为了快速推进项目上线，当时仅凭着设计师的感觉进行快速堆叠设计，缺少对用户的研究，也没思考清楚用户的需求和目标，缺乏设计创新，最终导致产品没有被用户认可。

我们在成功和失败的经验中总结和构建了一套体验设计体系（Experience Design Method System，EDMS），我们称之为 EDMS 体系。这套设计体系让我们的设计工作有了一定的思路和方向，在迅雷的商业化中发挥着重要的作用，创造了很大的价值。比如在手机迅雷 5.0 改版过程中通过应用这套设计体系，使设计更符合当时的产品定位，使核心功能更加凸显且易用，带来了用户的高速增长；同时优化了迅雷会员的付费场景、支付流程及支付逻辑，使会员数量翻倍提升从而实现了产品商业目标。迅雷会员官网的改版设计也是在 EDMS 体系的助力下协助产品运营人员提升了各项数据指标。

迅雷的这些经验和经历，不仅对迅雷有用，对其他企业同样有价值。为了帮助大家少走弯路，我们决定将这套体系总结梳理出来，分享给更多的人。我们将本书命名为《设计力：迅雷商业化设计中的方法论与最佳实践》，就是要赋予设计师更大的责任和使命。通过本书，我们不仅想把迅雷这几年在商业化设计中的理念、方法论以实际案例的形式分享给大家，更想和大家进一步探讨设计在产品体验方面的用户价值、在业务方面的商业价值，甚至在行业生态链方面的价值。

本书读者对象

这不是一本纯讲设计的书，因为纯讲技术不是我们的初衷。本书的读者对象很广，主要分为两大类。

第一类：一线的设计师、前端工程师和产品经理

对于那些刚刚入门的一线设计师以及在实际工作中有着丰富经验但是理论基础相对匮乏的设计师，我们专门在本书中安排了第 1 章，这一章先行展开理论阐述和 EDMS 体系方法解读，后面则采用理论指导实践的方式，基于迅雷实际项目，论述从 0 到 1 的产品设计过程，及从有到优的设计优化过程，从而帮助设计师提升自身的理论知识。这部分内容会在设计师之后的实践工作中起到指导设计的作用。

设计的上下游一般为产品经理和前端工程师，在二者固有的认知中，设计师往往只关注创意，很少考虑产品方向和技术实现。在本书中我们带大家走进设计师的日常工作，理解设计师的工作流程和工作方法，比如在设计前期，设计师会做哪些设计准备来思考产品的定位、产品的业务目标及实现成本等。在读完本书后大家对设计师的工作会有更宏观的认识，这对以后与设计师协同工作会产生良好的促进作用。

第二类：企业的管理者和经营者、设计团队的管理者

企业的管理者和经营者作为企业和产品的掌舵者，往往把主要精力放在战略和战术层面上，很多会忽视设计的价值。而设计早已从锦上添花的业务支撑转变为协助产品甚至企业发展的重要战略，如苹果公司，从濒临破产到改变世界，让世人见到了设计的力量。本书通过介绍迅雷的实际项目经历向管理者展示了设计

师如何从战略层面上推动产品的发展，进而促进用户量和商业价值的提升。相信对大家在公司项目运作方面会具有一定的启发意义。

对于设计团队的管理者，通过对本书的阅读，可以了解到迅雷的管理者是如何带领自己的设计团队来总结和沉淀设计方法体系，再运用到工作中，最终发挥作用和价值的。通过本书，可以帮助设计团队的管理者优化和完善自身的设计方法体系，提升管理效率和管理价值。

本书核心内容

本书开门见山，第 1 章"体验设计方法体系 EDMS 与实战案例"即是本书核心内容。EDMS 是我们在商业化设计中通过实践总结的一套行之有效的整体化设计思路。本书详细解析了 EDMS 的构建思路和方法，同时结合实战案例让读者更清楚这套体系如何应用，以及如何提高产品体验和商业营收。设计效果可以和商业指标对接，从用户体验维度设定一系列的数据指标，通过数据指标来衡量和验证设计效果，让数据说话。EDMS 设计思考维度涵盖体验要素的战略层、范围层、结构层、框架层和表现层，它不仅是一种方法和流程，也是对设计更全面的定位和体现设计价值的一种工作思维方式。此外，我们还总结了关于运营设计、品牌设计、创新设计的实战案例，让设计师在自身成长方面有更加明确的方向，在业务提升方面有可靠的依据。

本书特色

以用户体验为核心出发点的书籍市场上有很多，本书与其他书籍相比，显著的不同之处在于我们在尊重用户体验的基础上，以商业化设计为目标导向，并寻求商业价值和用户体验之间的平衡点。EDMS 的方法理念，使设计师能更全面地参与到项目流程中来，站在战略的角度看问题，让设计为产品的商业价值赋能，后面也有独立的章节介绍"平衡商业价值与用户价值的设计之路"。

设计方法论与实战案例的结合是本书的一大特色。书中完整、详细地讲解了几个重量级产品大改版中商业化设计的全过程，如第 1 章中的迅雷 9 的诞生、手机迅雷目标导向设计等；也有关于产品型官网设计的总结，如页游官网设计的细节与情怀；还有公司品牌官网创意设计的总结，在"迅雷企业品牌演化：LOGOTYPE 设计之美"和"有'计'可循的产品品牌设计"两节中，我们详细介绍了品牌的设计过程与方法，让品牌设计同样拨云见日。这些全部是迅雷设计团队多年实战经验的总结与沉淀。

致谢（排名不分先后）

我们写这本书最初是受到了兰军（Blues）的启发，当时他组织了很多互联网公司的产品经理一起写了一本《产品前线》。我们聊到迅雷在这么多年也积累了相当多的优秀设计案例，为何不总结出来分享给大家？所以在这个前提下，我们撰写了这本书。感谢马志娟和我一起用了 1 年多的时间完成本书的撰写工作，她也为这本书的出版付出了很多心血。

感谢为书籍贡献内容的设计团队成员孙诚、卢旭君、黄菲、黄俊凯、齐世凤、廖乐、罗永琴、杨长松、宁文静、陈礼健、屈健荣、郑莹、黄丽云、赵思维、谢晓聪、赵曦晗、刘炜毅、仪修萍。没有你们就没有这本书的成功出版。

感谢在本书撰写过程中给予支持、指导和帮助的老板陈磊（CEO）、吴疆（CPO）。

感谢在本书撰写过程中给予支持的公司领导和同事马晓芳、赵润、杨柳、王宗鹏、翁运洲。

感谢胡晓和 IXDC 团队。每年的 IXDC 国际体验设计大会为行业提供了一个非常好的学习交流平台，我们从中学到很多优秀的设计思维、设计战略、设计方法等。

感谢机械工业出版社的杨福川和他的团队，他们一直给予我们专业的帮助和指导，从而保证了我们的书顺利出版。

感谢站酷网对本书的支持。

感谢提供帮助的良师益友：何人可、张凌浩、周志民、廖庆春、胡晓、兰军、朱君、纪晓亮、陈妍、王海银、汪洋、吴卓浩、凌飞、刘希、林嘉鹏、程峰、涂彦晖、梁璟彪、谭开拓、张仁寿、许阳阳、秦晴。

占用资源，私人感谢我的家人，尤其是我的妻子芊颖对我的照顾和支持。我儿子 ELMO 今年出生，感谢这一切的幸福。

邹惠斌

路漫漫其修远

转眼间加入迅雷 CUED 团队已有几个春秋了，在迅雷的这几年，我看到的是整个团队都在不断进步。早期的设计师可能更多是在做执行，设计的价值难以受得重视，很难在项目前期介入并发挥影响力。在互联网时代，设计师的主要职责早已不是 UI 界面的美化，而是被赋予更大的责任和能力——成为串联用户体验和商业价值的桥梁。团队中越来越多有经验的设计师在项目前期就与产品、运营等人员展开深度合作，一起探索产品的方向，从全局的角度制定设计方案，在多方限制的条件下努力争取商业、用户、技术等多方面的平衡，设计的价值也随之得到更大的肯定。

互联网行业这几年发展很快，经历了 PC 时代的浪潮之巅、移动互联网时代的飞速发展，以及人工智能、虚拟世界的崛起，这就要求设计人员的专业技能和思维高度都要与时俱进。然而，总有一些设计方法和理念是通用和普适的，我们试图通过文字等方式将这些传承给更多互联网从业者。

在迅雷，我很荣幸参与了公司很多核心产品的商业化设计工作。我们从来没有停止对设计方法的探索和学习，每当产品进入一个里程碑级的阶段，我们都会进行深入的总结和分享，通过对成功项目的分类和整理，逐渐构建了一套行之有效的设计体系——EDMS 体验设计体系。这套体系以用研、数据为基础，结合产品定位和运营策略来共建设计目标，把抽象的目标转化为实际、专业、缜密的设计方案，最后对设计进行验证并优化迭代。从每一次量的积累，到方法体系的构建，再到编辑成这本关于互联网商业化设计的书籍，这也算是质的飞跃了。通过本书，我们希望能够帮助大家在设计的道路上启发思路，发挥更大的价值，为产品的商业化，为提升用户价值和商业价值，也为这个行业的进步与发展做出一些贡献。这也是《设计力》一书的写作初衷和目的。

本书的诞生，是集体智慧的结晶，但并不代表我们设计团队到达一个多高的高度，而是代表我们刚刚起步上路。这是一条创新之路，也是一条传承之路。设计是需要创新的，但是追求设计更专业、综合能力更全面的境界是要传承的。路漫漫其修远兮，吾将上下而求索。

马志娟

| 目录 |

1

体验设计方法体系 EDMS 与实战案例

1.1 迅雷体验设计方法体系 EDMS 概述

1.1.1 EDMS 简介

EDMS（Experience Design Method System）是迅雷对一些项目的成功实战经验进行总结后建出的一套行之有效的整体化设计思路。EDMS 以调研、数据为基础，以定性、定量的用户调研，以及制作体验地图、竞品分析等方法为前期准备，与产品定位、运营策略、项目一起共建设计目标；再以目标为导向，把抽象的目标转化为实际、专业、缜密的设计方案；最后通过 GPK、体验维度进行设计验证及优化迭代。

EDMS 涵盖体验要素的战略层、范围层、结构层、框架层、表现层。EDMS 将体验设计的这五个层级从抽象到具体实践逐步展现。图 1-1 所示为 EDMS 完成的内容。下面我们将按图中所示四个部分进行讲解。

1.1.2 设计准备

接到一个设计任务时，我们需要做一些准备工作。例如任务是设计一个"母亲节购买会员折扣"的活动页面，首先要评估这个活动面向的用户群体、用户数，如果用户群体男生占比较大，那我们的设计可以尽量偏向男性风格，让用户第一次看到就能感觉舒适，从而有效降低蹦失率（Bounce Rate，又可译为跳失率，是指用户浏览第一个页面就离开的访问次数占该入口总访问次数的比例）。下面我们来看看 EDMS 体系中设计准备具体需要收集哪些数据，以及这些数据对我们的帮助体现在哪些地方。

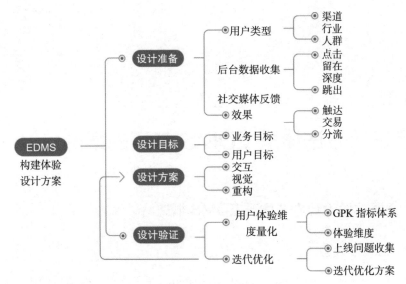

图 1-1　EDMS 体验设计方法体系

EDMS 体系中，我们将设计准备分为四个部分。

1.用户类型

用户是从事什么行业的，他的属性是什么，属于一个什么样的群体。分析用户类型有利于我们针对用户进行有效设计，更容易打动用户的心。这里所说的设计包括一些文案、界面，甚至大型的活动等。例如，我们分析得知一批用户比较年轻而且爱运动，那么我们就可以把文案、内容、界面的风格设计得偏向年轻化和运动化，甚至还可以植入运动品牌信息，这样用户不仅不会反感，还会觉得我们的产品更懂他，给他带来了有用信息和价值。用户类型如图 1-2 所示。

2.后台数据收集

后台数据可反映用户访问页面的深度，包括点击各个标签、链接或按钮的次数，以及跳出率、蹦失率、视觉热点等。后台数据收集有利于改善我们的设计体验和评估我们的内容吸引力。例如，这个页面的蹦失率很高，那证明我们的内容不是用户想要的；再例如，我们要做一个提高注册用户数的活动，通过后台记录用户访问路径和视觉焦点图，发现注册按钮点击率相当低，原因是我们的注册按钮设计得太不显眼了，易导致用户找不到我们的注册按钮。

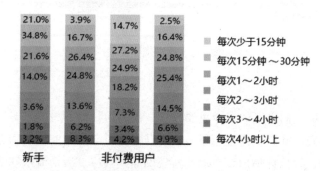

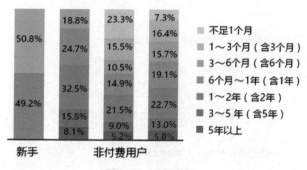

图 1-2　用户类型

3. 社交媒体反馈

社交媒体反馈指用户在社交平台上提交的关于我们业务的投诉、问题、使用情况、分享频次、使用感受等信息。社交媒体的反馈能让我们更接近用户心中的想法，并能发现更多用户问题，从而解决用户问题。例如我们有一些产品的反馈渠道，如论坛、微博等，我们在上面可以看到用户对我们产品的印象、功能使用情况、建议等。例如在微信朋友圈，我们可以看到一些 H5 活动转载次数，以此来评估我们做的这个活动的吸引力和分享情况。社交媒体反馈如图 1-3 所示。

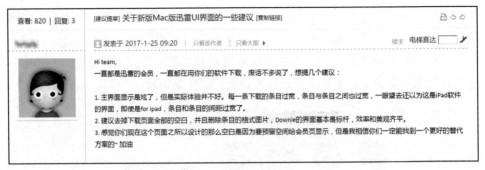

图 1-3　社交媒体反馈

4.效果

效果是验证我们方案的一个重要因素，也能为我们下一次方案提供很好的参考价值。例如我们和某电商进行了一次"开通迅雷会员送商城购物券"的合作活动，通过活动，我们评估出该电商所实现的品牌效应、活动流水和新增的购物用户等，这些数据能很好地应用在和其他平台合作的活动中，我们能更直观地预判出活动所带来的影响和价值，从而有针对性地给方案做优化和提升。效果验证如图 1-4 所示。

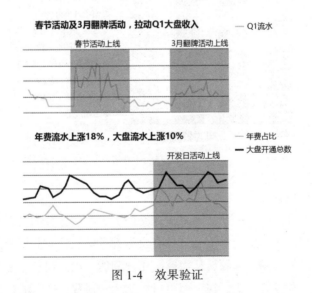

图 1-4　效果验证

　　小结：设计准备是为了让我们能发现问题，启发设计思路，判断和验证设计方案。

1.1.3　设计目标

设计目标是我们设计方案所要达到的目的和效果，也是做设计方案的方向和依据。

该如何来定义设计目标呢？我们在做任何业务的时候，都会有一个业务目标，例如迅雷客户端新版本的业务目标是日活跃用户达到千万级。业务目标通常是为了提升某些指标，比如营收和用户数，而设计部门还需要承担改善用户体验的责任，所以我们也要考虑如何在不伤害用户体验的前提下达成业务目标。上面我们已经介绍了数据收集方法，通过数据收集和分析我们很容易就能得到用户在使用我们产品时的目标，例如，用户使用迅雷客户端的一个目标是希望下载速度更快。用户目标出来后结合业务目标，即可定义出设计目标，同时需要考虑平衡用户体验和商业价值。本书后面会用更多实战案例来带大家一起学习这部分内容。设计目标如图 1-5 所示。

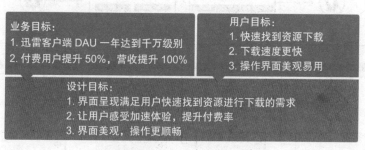

图 1-5　迅雷客户端改版项目设计目标

1.1.4　设计方案

有了目标后，接下来我们要做的是设计方案，在之前的基础上，方向已经非常明确了。在迅雷的设计组织架构中，我们是标准的 UED 配比，分为交互、视觉、重构 3 个专业岗位。在完成设计目标的过程中，三个专业人员进行沟通是非常频繁的，我们采用的不是流水式的工作方式，而是前期我们会一起来讨论如何去完成设计目标，同时需要关注效率成本，还要考虑产品的扩展性，为以后版本迭代和优化铺好路。设计方案如图 1-6 所示。

从交互到视觉再到重构，三个环节是紧密相扣的，图 1-7 为我们的设计流程图。

这里不再讲解详细的方案，本书后面很多案例都会结合 EDMS 来讲解方案。再次强调，设计方案不可以与设计目标偏离。

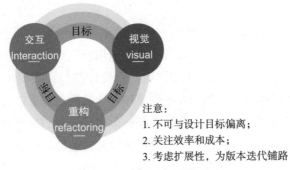

注意：
1. 不可与设计目标偏离；
2. 关注效率和成本；
3. 考虑扩展性，为版本迭代铺路

图 1-6　设计方案

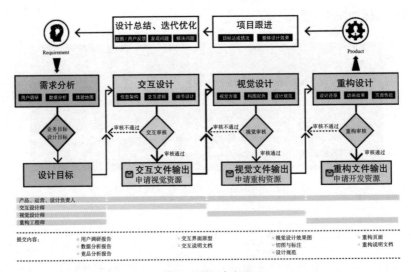

图 1-7　设计流程

1.1.5　设计验证

我们完成一个设计方案并上线后，需要验证这个方案是否很好地达成我们的设计目标，是否对业务目标的提升有很大的帮助作用。我们做了一个比较完善的用户体验维度量化体系，这个用户体验维度量化体系是由 GPK 指标体系和体验维度构成的。

1. GPK 指标体系

GPK 指标体系用于定义要完成设计目标需要做的具体事情，并通过这些事情来进一步衡量我们的设计目标是否达成。由总目标（Goal）、表现（Performance）、设计目标（Design Object）、关键事件（Key Results）四个部分构成。

- ❑ 总目标（G）：即完成这个设计最终要达到的业务目标。
- ❑ 表现（P）：完成总目标的过程中，用户主要用哪些表现来承载这个目标。
- ❑ 设计目标（DO）：由业务目标＋用户目标综合设立设计目标。
- ❑ 关键事件（KR）：完成设计目标具体所要做的事情。

我们举一个生活中的通俗易懂的例子来解析 GPK 体系。

- ❑ 总目标：提升快餐餐厅的中午营业流水。
- ❑ 表现：更多顾客过来吃饭；顾客的消费金额比以前多。
- ❑ 设计目标：提升就餐人数；提升人均消费。
- ❑ 关键事件：设计新的菜式吸引更多顾客；设计组合消费套餐模式，让顾客加钱选择套餐消费。

从上面的例子我们能很好理解 GPK，图 1-8 所示为一个互联网产品例子，可用来阐述互联网产品的 GPK 体系。

总目标Goal	表现Performance	设计目标Design Object ＞ 关键事件Key Results
提升迅雷会员开通率20%	1. 希望能快速下载到资源 2. 快速付费开通会员 3. 体验到更多的会员福利	DO.构建有效付费场景提升按钮开通率 KR1.重新优化下载工具条，增加注册用户试用机制 KR2.优化界面加速效果，加速体验更舒适 DO.优化支付流程交互，提升支付成功率 KR1.支付逻辑优化 KR2.支付流程优化

注释：OKR全称是Objectives and Key Results，即目标与关键成果法。

图 1-8　GPK 指标体系

2. 体验维度

有了 GPK 指标体系之后，就知道要完成设计目标具体要做哪些事情，但是这样是不够的，因为做了这些事情后，我们还要一个维度去衡量我们做的这些事情有没有满足用户体验的要求。我们在做互联网产品的时候，用户的体验永远都是放在首位的，创立结合 GPK 体系的体验五维度，可以来衡量我们做的设计是否足够满足用户体验要求。设计验证 – 用户体验维度量化如图 1-9 所示。

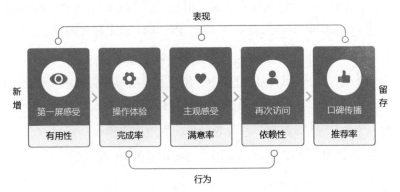

图 1-9　设计验证 – 用户体验维度量化

我们在做一个互联网产品的过程中，主要是做用户的新增和留存，这个是一定的。体验维度是在做用户新增到用户留存这个过程中定义的。从图 1-9 所示我们可以看出，体验的维度分为有用性、完成率、满意率、依赖性、推荐率。结合这五个维度，用户对应的表现是第一屏感受、主观感受、口碑传播。用户对应的行为是操作体验和再次访问。

第一屏感受（有用性）：新用户进入产品的首次感受，包括内容和界面，这里考量的指标大概有蹦失率、点击率、跳出率、用户评价等，不同产品的考量指标也不一样。例如，如果用户第一次进入你的产品，马上就关闭了，证明你的产品没有提供给他想要的内容又或者界面设计让他非常反感，导致他一进去就关闭页面，那么这个蹦失率就会非常高。此时就可认为这个产品的第一屏感受非常糟糕。

操作体验（完成率）：用户在进入你的产品后，是否能够完成他想要的目标，在完成这个目标的过程中，效率是否高，他是否感觉操作足够便捷，这个就是我们所说的操作体验。我们用完成率作为评价操作体验的指标。例如，用户购买迅雷会员，他从购买到完成支付的过程中是否有阻碍，如果有很多未完成支付，或者在支付过程中放弃，那么就要仔细检讨操作体验了。细分考量指标，细分后包括用户到达率、用户操作步骤、用户退出率等。操作体验如图 1-10 所示。

主观感受（满意率）：主观感受，即用户在使用完产品后，给他带来的视觉感受、操作体验、内容价值、功能价值。这个比较好理解，细分后考量指标有整体满意度、学习性主观评分、理解性主观评分、美观性主观评分。主观感受如图 1-11 所示。

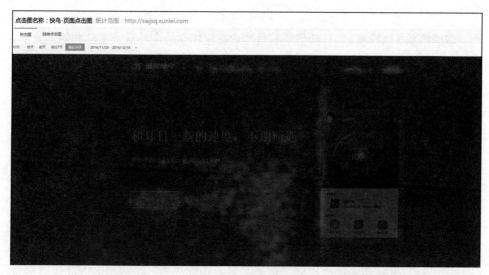

图 1-10　操作体验

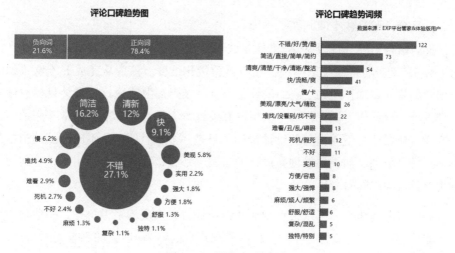

图 1-11　用户主观感受

再次访问（依赖性）： 再次访问是用户在使用产品后，第二次及以上的访问。这个指标非常重要，这里我们用依赖性来作为考量指标，即用户对产品是否产生依赖。例如微信，每天都有很多用户要打开好几次，证明这款产品是非常有价值的，用户已经离不开这款产品了。如果用户在使用你的产品后，大部分人都不再来了，那证明你的产品是不能给用户带来有用的价值的。这里我们细分衡量它的指标，细分后有回访次数、人均 PV 量等。

口碑传播（推荐率）：口碑传播就是用户在使用你的产品后，主动和他人分享，告诉他人这个产品非常好用，推荐他人都来使用；或者因超出用户预期，用户很兴奋并且自豪地在朋友圈分享这个产品，如图 1-12 所示。例如比较火的 POKEMONE GO 游戏就引爆了朋友圈。这里细分衡量它的主要指标，细分后有社交分享率、口碑传播次数。口碑传播示例。

图 1-12　口碑传播（图片来自朋友圈截图）

以上就是体验的五个维度，这里要注意的是，每个产品的体验细分衡量指标都不一样，例如功能性的产品，更多是看操作完成率，运营类的产品更多是看用户转化指标。

3. 用户体验量化维度归纳

我们结合 GPK 指标加体验维度最终做成完全量化用户体验标准的表格（见图 1-13），该表非常系统地体现了用户体验量化维度。该表从完成五维度，到细分用户的具体表现，定义了我们的设计目标，及最后要完成这个设计目标应做的关键设计，以此作为设计师的考核标准和设计方案的考核标准是非常有用的。该表并没有包括所有不同类型的设计指标，只是一个示意例子，不同产品的指标是不一样的。例如，如果要做创新设计的方案，那么该表就不太适用了，它适用于常规并且较为成熟的产品。

有了这一套体系，可以很直观地评价设计方案到底哪里做得好，哪些地方做得不足。但也不要忘记，优秀的设计师要时刻保持一种创新的心态去对待产品，那样才能走得更远。

4. 迭代优化

通过用户体验量化验证了我们设计方案的成果，在此过程中一定会发现很多问题，故需要通过收集问题，快速迭代来解决我们在验证过程中出现的问题。本书后面的章节会根据 EDMS 体系为大家介绍更多实战案例。

目标Goal	表现Performance	设计目标Design Object	关键事件Key Results
第一屏感受　有用性	找到感兴趣内容 用户点击效率高 更多用户点击	用户跳出率低 用户点击转化率高 用户蹦失率低	具体设计方案
操作体验　完成率	更多用户使用目标任务 更多用户完成目标任务 用户更快完成目标任务 操作出错少	用户到达率高　用户操作完成时间短 用户作操作步骤少　用户退出率低 用户操作出错率低	具体设计方案
主观感受　满意率	学习性，理解性 美观感等主观感受 满意度高	整体满意度高　学习性主观评分高 理解性主观评分高　美感主观评分高	具体设计方案
再次访问　依赖性	经常访问网站 查看和使用更多功能	7天/30天/90天用户回访率高 人均PV量高	具体设计方案
口碑传播　推荐率	主动分享和向他人推荐	推荐率高	具体设计方案

图 1-13　设计验证 – 用户体验维度量化

1.1.6　总结

EDMS 是一套设计方法和归纳体系，能够很清晰地指引设计师完成目标，更能从用户角度出发来考虑用户体验和商业价值的平衡，从而提升产品体验和商业利益，给业务带来价值。怎么才能快速掌握这套体系呢？关键还是要多了解公司业务，多与需求方沟通，记录下他们的需求和问题，多多主动探索和思考设计的价值，做好设计准备，因为这些都是制定设计目标、做好设计方案的依据。这套体系的精髓就是：用数据来驱动设计方案。

1.2　迅雷 9 诞生

1.2.1　迅雷 9 概念准备篇

1. 岌岌可危的生态环境

迅雷下载是迅雷公司提供给用户的核心服务，迅雷 7 作为这项服务的载体，从 2010 年发布至今，因过度运营使得其商业化能力减弱，加之网盘、在线视频、移动互联网等对 PC 下载的侵蚀，寻求新的产品方向势在必行。在产品和交互推动下，我们开启了迅雷新方向的探索，基于对生态变化、业务扩展及移动趋势的考虑，新的迅雷平台就随之诞生。图 1-14 所示为迅雷版本的更替示意。

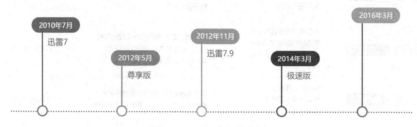

图 1-14   迅雷版本历史

迅雷面对的挑战主要体现在以下方面。

（1）互联网生态变化：早在 2010 年前，用户依赖的狗狗搜索、电驴、BT 等下载工具就已面临调整问题，因为用户在资源的获取方式上发生了改变。而随之而来的是网盘分享和云播在线视频的兴起。为积极响应 2014 年净网行动，百度网盘、360 网盘、迅雷快传等对分享功能和云存储功能进行优化调整，从而导致用户在资源获取和消费上增加了难度。图 1-15 所示为用户从获取资源到消费的完整过程。

图 1-15   用户从获取到消费资源的流程

（2）业务发展需求：迅雷 7 自发布以来，业务扩展位不断增加，包括小黄条、任务列表广告、业务导航、边角广告等，不断透支产品体验，且效率低，已经进入一种死循环：业务转化率低，就增加新的入口；而新的入口在过了新鲜周期后，转化率又开始降低，就再增加入口。为了更长久地发展，迅雷迫切需要新的业务承载模式。图 1-16 所示为迅雷 7 的主界面。

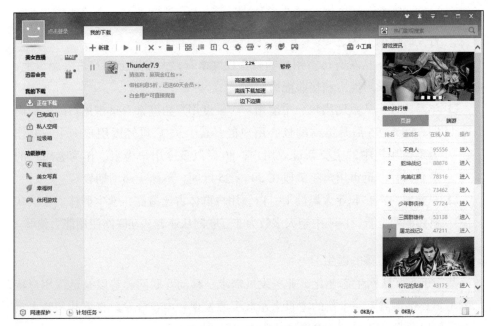

图 1-16　迅雷 7 主界面

（3）**移动互联网趋势**：据 CNNIC 数据显示，截至 2016 年上半年，我国手机网民规模达 6.56 亿，使用手机上网的比例占总网民的 92.5%（见图 1-17），手机在上网设备中占据主导地位。移动趋势使得越来越多的新用户先接触移动互联网再接触 PC，搜索和内容也呈多端趋势，延续手机迅雷的核心功能成为必然。

图 1-17　手机网民占比

2. 迅雷的用户特征

了解用户特征，才能更好地为用户设计。迅雷 9 只有提供更便捷的寻找资源及下载的方式，才能降低新用户和小白用户的使用门槛，从而进一步为新版的概念设计提供支撑。以下用户特征均来自 2016 年年初的用户调查问卷。

- ❏ **性别属性**：迅雷用户中男性占比较多，迅雷长期的用户性别比例没有变化。在资源获取上，对女性用户来说有较高门槛，作为专业的下载工具在性别属性上更男性化。
- ❏ **家庭属性**：迅雷用户中单身用户占比接近一半，而无小孩的用户（包括单身）占大多数。单身用户需要有更多方式来打发时间，而下载视频成为其打发时间的方式之一。

❑ **教育属性**：从现有迅雷用户的教育程度来看，大专以上用户占一半以上，用户潜在学习能力和接收能力较高。

❑ **年龄属性**：从重度用户、中度用户、轻度用户角度来看迅雷用户的生命周期，80～95后是迅雷的核心用户群。其中95后以轻度用户为主，并作为迅雷用户中的主要新进入用户；80后以重度用户为主，作为老用户的最后留存。迅雷用户年龄段在20～35区间，整体生命周期较短。

❑ **职业属性**：在职业大属性上，白领用户群体占比最高、学生群体次之。从具体职业上看，白领中绝大多数为非互联网从业者，互联网使用能力偏弱。

3. 迅雷 9 概念稿的诞生

基于迅雷互联网生态变化、业务发展需求、移动互联网趋势以及迅雷用户特征的考量，迅雷需要一个新的主页来承载资源发现和内容分发。将下载和新主页结合，并以此为出发点，考虑产品结构，如图 1-18 所示。

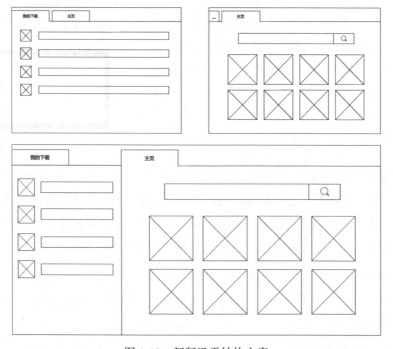

图 1-18　新版迅雷结构方案

（1）Tab 切换结构，默认"我的下载"。

❑ 优点：延续了迅雷 7 已有结构，用户使用和接受门槛最低。

❑ 缺点：迅雷作为资源发现的入口引导太弱，无法带动产品和业务的转型。

（2）浏览器结构，默认主页。

❑ 优点：更好地承载资源发现与业务的扩展。

❑ 缺点：浏览器化严重伤害下载用户的习惯，用户已不需要额外的浏览器。

（3）拼合结构，左侧下载与右侧主页。

❑ 优点：主页得到很好曝光，对引导用户通过迅雷找资源做了很好地引导，同时能够很好地满足业务曝光需求。

❑ 缺点：下载列表的精简对于老用户来说需要额外的适应成本。

出于产品转型和业务考量，第三种结构更符合当前定位，迅雷 9 第一版的概念稿诞生如图 1-19 所示。

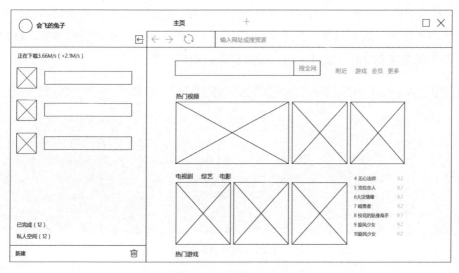

图 1-19　迅雷 9 概念图

4. 来自用户的易用性测试

概念总是过于理想，能够将概念方案顺利落实，就必须得到一些用户的验证和认可，所以在新方案实施之前我们进行了一次易用性测试。

测试目的：通过 DEMO 模拟核心功能，快速验证迅雷 9 的用户接受度和可行性。

用户选择：根据是否是新用户以及对 PC 端迅雷的付费及卷入度不同，把用户分为四类。

- ❑ 老用户 – 重度用户：钻石会员、白金会员用户，PC 端迅雷卷入度高。
- ❑ 老用户 – 轻度用户：部分白金会员、普通会员用户，PC 端迅雷卷入度低。
- ❑ 新用户 – 竞品用户：主要使用其他下载工具离线下载的用户。
- ❑ 新用户 – 小白用户：对电脑、上网有固定的行为模式，不精通。

我们将找这四类用户进行研究，覆盖男 / 女、白领 / 蓝领 / 学生以及不同下载内容类型的用户。

老用户主要考察其对下载习惯改变的接受度；新用户主要观察其对资源获取和消费的使用行为。

研究思路以定性分析为主，主要分三个部分：迅雷 7 上已有的使用习惯，收集可用性反馈，观察迅雷 9 核心功能的使用（见图 1-20）。通过研究结果，确定迅雷 9 概念方案的可行性以及执行需要注意的用户习惯。

图 1-20　用户研究思路

用户易用性测试的结果汇总如图 1-21 所示。

从用户易用性测试的结果来看，正面评价大于负面，这也证明迅雷 9 的正确性。同时在具体功能的实现上这项测试给予了很多指导，比如，保留老用户对下载列表管理的习惯、高级功能入口位置的平移、增强资源发现的引导。

测试内容	轻度用户	重度用户
第一印象	搜索方便、简洁	复杂、无趣
新格局	更易接受	依赖于全网搜功能
下载管理	简洁	对旧习惯依赖大，比如右键、双击开始&暂停、其他高级功能
首页内容	比较喜欢	首页内容

图 1-21　用户研究结果

1.2.2　迅雷 9 目标定义篇

1. 产品如何满足用户需求

迅雷 7（见图 1-22）的功能和业务比较分散，这不仅影响产品自身功能体验，而且无法给业务和广告提供很好的转化率。迅雷 9 要承载原有内容，就需要进行全新的组合定义。迅雷 9 概念框架分成左右两部分，故需要分别建立目标。

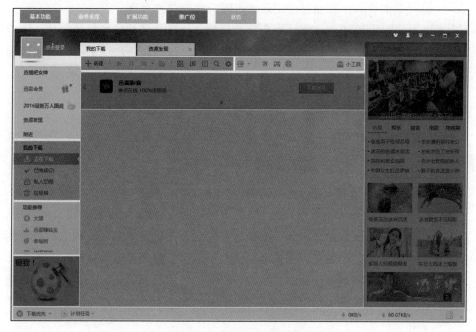

图 1-22　迅雷 7 功能模块

迅雷 9 左侧目标定义"下载管理"。将所有下载相关操作集中在左侧（包括下载设备管理、下载任务操作、下载状态），这样基于右侧的内容发现，可以更好地形成闭环（见图 1-23）。在下载的操作体验上，采取的策略是平移用户习惯，并使其适应小界面。

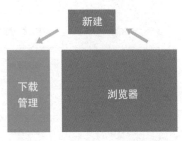

图 1-23　迅雷 9 下载体验闭环

迅雷 9 右侧目标定义"用户在不需要下载时，如何促使其主动打开迅雷客户端"。右侧作为新的内容入口，将"如何让用户接受并能够持续使用"作为主要目标。通过理性分析并提炼出最终的内容模块如下：

- **找资源**：通过提供全网搜，解决新用户找资源的入口，对于老用户则无须在其他应用中切换。
- **短视频**：短视频具有阅读成本低、适合碎片化消费场景的特点。在迅雷 9 上无论是下载前的观看还是下载过程的等待，都可适用，同时也贴合迅雷本身"作内容发行"的愿景。
- **播放记录**：作为用户持续消费的入口，在视频产品中尤为重要。在右侧提供视频消费后，那么播放记录就可作为基础功能存在。
- **业务输出**：将用户价值转变为商业价值，这是公司持续发展的支撑。迅雷 9 的右侧便承担着重要的业务流量输出、转化商业价值的职责。包括右侧顶部的业务导航入口，右侧内容中的游戏模块和直播模块。

2. 产品如何满足业务需求

体现在迅雷 9 上的业务目标被分为三大块：会员收入、游戏收入、新业务流量输出。

- **会员收入的实现**：会员收入通常分为两部分，即新会员开通（即为拉新）和老用户续费（即为留存）。拉新策略包括下载任务列表中的会员试用、会员加速、头像信息展示、会员换肤、会员的固定入口等；留存续费策略包括下载列表小黄条、头像会员信息展示区、催费弹窗等。
- **游戏收入的实现**：固定推广入口，即右侧首页的游戏展示模块及顶部导航入口；广告位入口，即左侧下载列表关键词广告位及桌面右下角弹窗广告位。

❑ **新业务流量输出**：主要满足公司在新领域发展所需要的曝光量和流量。在迅雷 9 上则集中在右侧首页，包括导航、内容展示模块。

1.2.3　迅雷 9 方案落实篇

1. 似曾相识的下载

作为一款几年没有大改版的老产品，用户已经形成了很多操作习惯，在新版下载模块设计上，将采取了以下几个策略：

1）平移老用户的操作（见图 1-24）。

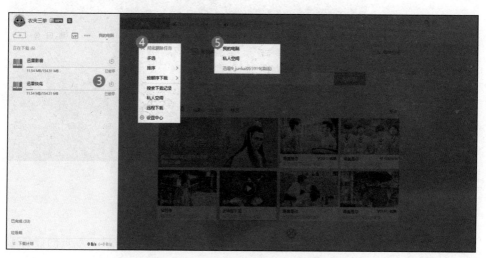

图 1-24　迅雷 9 下载列表操作设计

2）改变不合理操作：将高速通道和离线下载专业术语操作合并到会员加速模块。这不仅减少了用户操作，而且更好地提高了会员感知度。

3）引导使用更便捷操作：通过统计数据，将用户常用的"继续下载""暂停""边下边播"等高频操作默认显示。

4）低频操作隐藏：将多选、排序、搜索下载记录等低频操作隐藏。

5）定制功能按需展示：诸如私人空间、下载宝等下载设备管理功能，当用户开启后，展示出设备切换。

6）accordion 结构的下载列表：accordion 结构中文直译为"手风琴结构"，这其实是一种界面设计中的列表样式，原则上保持表的唯一展开状态。换句话说，无论整个列表有多少选项，只有唯一的一个是处于展开状态的，其他的选项全部收起。这样的做法可在有限的空间展示更多的内容片段。在这里我们对列表的 hover 状态做了特殊处理，每次当用户的鼠标移动到左侧区域的时候，列表项会上移，并出现分割式的点击状态，这样就有功能提醒的作用，提升操作效率，如图 1-25 所示。

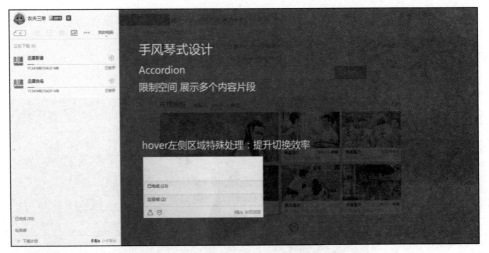

图 1-25　迅雷 9 下载列表导航设计

2. 丰富多彩的首页

首页的概念缘于右侧的资源窗口，也是对新产品的实际考量。首页的设计承载着各个业务的需求，也是迅雷 9 的一个特色。然而这一特色受到来自老用户的极大挑战，因为他们在以一个下载工具的态度对待迅雷 9，再加上资源内容的限制，这让首页设计的落地变得异常艰难。

（1）内容形式设计

迅雷 9 首页主要承载着影视、游戏、直播、美图四个业务，其中影视来源于第三方，游戏、直播、美图均为迅雷公司自己的业务。首页除了信息上的展示外，还要为业务保留一定的入口，那么必要的信息已经整理出来：导航＋搜索＋业务展示。

业务展示的形态大概可以分为两种：一种是传统网页流体式的设计；一种是 Tab 切换式的设计。流体式设计优点在于可以承载更多的信息，业务的拓展及形式也可以更加多样，Tab 切换式在形式和内容上要求比较严格，对于业务也是一种束缚。迅雷 9 的首页分为了两个阶段，在刚上线的时候采用的就是流体式的设计，这保证了业务方的需求，但是在信息展示上却不是很好。采用流体式设计没有出现在首屏的内容的曝光率是极低的，而且这些内容是没有经过筛选的，就是简单粗暴地平铺展示，因此我们做了调整，才有了 Tab 切换式的首页。采用 Tab 切换式虽然对于业务的展示有一定束缚，但是在形式上更加统一。

（2）特色设计

首页设计的特色定位于"异形"与"卡片式"，异形增加了首页的设计感及定制化。异形的设计不会让用户产生"拉取"的想法。卡片式设计也是近年来较为流行的一种设计方式，其可以很好地对内容信息进行区分。在设计上，我们要求每一屏的 Tab 都有自己的业务特色，同时也要兼容设计上的统一，这算是一个比较复杂的要求，所以我们允许业务方在每一屏的 Tab 上使用自己的标准色，这也是我们首页设计中的一个亮点：规范之中保持特色，从而形成色彩丰富的首页。

（3）Web-max 应用的官网设计

Web-max 是一种网页设计方式，即利用视觉聚焦，在电脑屏幕上营造 Imax 电影般的即视感。目前很多网站都会使用 Web-max，在保证整个网页浏览器中只有一个视觉焦点的情况下，尽量分散不必要的信息，让整个页面看起来非常大气。

这是一种由现实反推过来的视觉效果，来源于 Imax 电影技术，通过提供超过人类视野聚焦范围的影像，打造震撼及身临其境的效果。电脑屏幕肯定不如 Imax 电影屏幕那么大，所以提供的视觉范围是有限的。如果我们刻意将画面的焦点放在屏幕的中心，并且进行视觉引导，那就会与 Imax 一样，给人以震撼的视觉体验。所以在排版上，我们尽量让 LOGO、导航和文字信息靠近网页的边缘，将画面的视觉中心定位在网页的中心位置。

迅雷 9 使用了太空作为设计的主题，因此官网也采用了一致的主题设计。新产品上线要有一些概念性的信息传递。无论是从体验习惯还是产品定位来说，迅雷 9 都有了很大的改变，在有限的页面表达清楚这些内容是较为困难的，所以我们用了一种隐喻的手法来表现迅雷 9 的产品特点，这样可以让用户在使用迅雷 9 之前有一个心理准备，对于老用户来说这也是一种负责的态度。

第一屏：我们设计了一个带 9 字的星云黑洞，五彩斑斓的色彩汇聚在一起，这代表迅雷 9 是一个资源聚合体，黑洞是可以容纳一切的，这与迅雷 9 的平台理念是相符的。

第二屏：穿越星云，我们来到了时空隧道，这里代表我们对下载体验的技术升级。

第三屏：发现新的星云体系，代表我们将在一个新的世界中探索发现。

第四屏：在新世界也许会给你一些惊喜，比如划过你视线的流星，这会让你在新的世界中有更多回忆。

迅雷 9 的设计灵感如图 1-26 所示，最终效果如图 1-27 所示。

发现黑洞　➡　穿越黑洞　➡　来到新世界　➡　遇见流星

图 1-26　迅雷 9 设计灵感

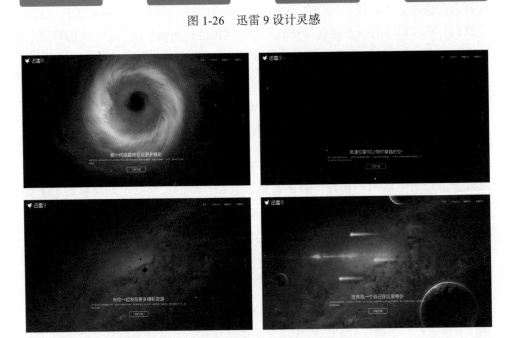

图 1-27　迅雷 9 官网效果图

3. 身临其境的安装界面设计

安装界面的设计比官网的设计更重要，因为用户可能会在不同的渠道下载到安装包，官网并不是唯一的下载途径，但是安装界面是每一个用户都无法跳过的，所以要珍惜安装界面的用户教育和信息展示。由于受到扁平化趋势的影响，很多软件采用了简约的安装界面，这样的好处在于让用户快速进入界面，并体验软件。迅雷 9 起初的设计也采用了类似的方案，在设计的过程中，我们认为虽然有了简约，但是同时失去了固有的特色。文字的描述也不能直观体现产品的特色，迅雷 9 较以往版本，界面面积是比较大的，那么我们可以在安装界面给予一定的引导，让整个界面呈现的时候不会那么突兀。

迅雷 9 主界面是与太空有关的，我们在进入太空之前是不是需要离开地球？这个想法的出现让我们有了明确的思路。在用户点击"立即安装"按钮的瞬间，界面会直接拉宽、拉长到默认界面的尺寸，出现城市的地平线，用户自己在飞船的驾驶舱内，随着进度条的前进，飞船快速升到太空中，并且出现了带有科技感色彩的界面，以及关于界面的结构介绍，整个过程就犹如用户自己就是驾驶员。在整个动画结束之后，开启迅雷 9 的探索之旅。

迅雷 9 的安装启动及过程如图 1-28 和图 1-29 所示。

图 1-28　迅雷 9 安装启动

4. 扁平化助力的"轻"设计风格探索

"轻"设计风格就是去除冗余、厚重和繁杂的装饰效果，具体表现在去掉了多余的透视、纹理、渐变以及能做出 3D 效果的元素，这样可以让"信息"本身重新作为核心被突显出来。同时在设计元素上，则强调了抽象、极简和符号化。"轻"设计主要采用扁平化设计。扁平化设计的优势已经在许多产品中得到了验证，迅雷9也可以尽可能地去套用这样的规则，可是扁平化过多地抹去了产品本身的设计特色。扁平化设计是一种将一致性提升到最高级别的做法，适用于移动端及系统级别的设计，而迅雷9作为一个应用，还应该在扁平化风格的基础上保留自己的特色。

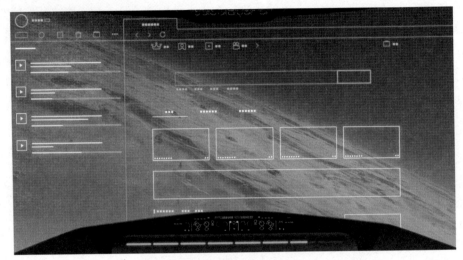

图 1-29　迅雷 9 安装过程

迅雷9定位于一个资源资讯平台，希望用户在享受下载体验的同时，能获得更多感兴趣的内容，且要承载比之前版本更多的信息量，所以在默认的风格设计上一定要干净、轻盈，这样才不会对信息造成干扰，用户也不会因长时间阅读而反感和困扰。

对于界面的干净我们可以从自然界中寻找一些灵感（见图1-30）：羽毛可以迎风起飞，蒲公英可以随风飞扬，水母可以顺流漂浮……这些大都给人很轻盈、干净的感觉，从中我们可以总结出迅雷9设计风格的关键词：浅色、线状和透明。

图 1-30　迅雷 9 "轻" 设计灵感

　　探索是迅雷 9 的另外一个设计方向。从设计语言来说这一点是很难表现的，需要我们定义一个主题，来衬托探索的含义。探索又可以分为发现未知和研究已知两个方向（见图 1-31），发现未知会给人以遐想的空间，为此我们还进行了一次简单的联想推测。而这些推测结果当中，太空比较符合我们的产品定位。这里产生了一个矛盾，说到太空，大多数人的印象是"漆黑一片，繁星点点"，这与我们对轻的追求是相反的，故需要通过一些特殊的设计手法来处理。我们通过一种类似"反色"的效果，打造了一个浅色版的宇宙空间（见图 1-32），经过整体的协调与优化，我们确定了运用轻量化的色彩表达太空主题的设计风格。

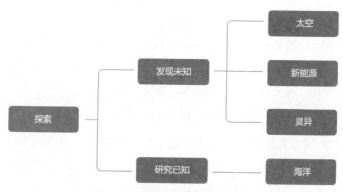

图 1-31　迅雷 9 设计灵感思路

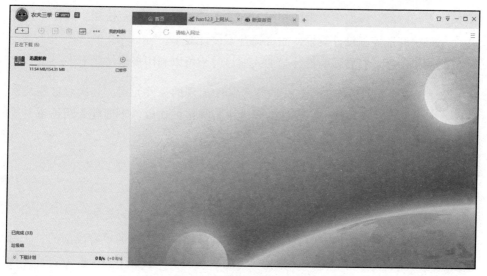

图 1-32　迅雷 9 设计风格

5. 迅雷 9 部分设计规范

设计规范属于 VI（全称 Visual Identity，即视觉识别系统）的范畴。对于设计规范，往大了说，可以与企业 VI 并驾齐驱；往小了说，也可以圈点产品的边边角角、根据产品不同阶段的需求对设计规范做及时调整。现在 VI 的运用比传统意义的 VI 更加灵活。

无规矩不成方圆，设计规范说到底是针对某一个产品而做的要求，这也是设计团队对产品严谨负责态度的体现。设计规范大致可以分为以下几点：

- ❑ 色彩规范：定义产品的主色、辅助色，同时还包括颜色应用的场景。
- ❑ 字体规范：定义不同字号、字体的运用。
- ❑ 控件规范：定义可以通用的弹窗、按钮、滚动条、文字框等样式。控件因为运用较多，需要尽早定义，这也是整个设计规范中最重要的部分。
- ❑ 尺寸规范：定义各图标大小、模块间距、切图尺寸。
- ❑ 素材规范：定义后期运营的素材，如人物的大小，素材的样式。

那么为什么要花时间去制定一个产品的设计规范呢？自然因为它有如下的诸多好处：

- ❑ 统一识别。界面中相同元素具有识别统一性，可以避免用户产生理解困扰。
- ❑ 节约时间。界面中出现的相同元素，设计师可直接规范使用，这样不仅可以很好地控制设计质量，而且提升了设计效率。
- ❑ 易于上手。当有新的设计师加入项目时，可以利用规范快速上手。

设计规范是如何运作的？首先收集产品中出现的控件元素，其次对这些元素进行整理，最后对参与该产品设计的同学进行规范的讲解。下面就介绍迅雷 9 规范的设计，如图 1-33 ～图 1-35 所示。

1.2.4　迅雷 9 数据反馈篇

1. 来自用户的反馈

迅雷 9 从内测到上线，收到了很多用户的反馈，有正面的也有反面的，来源包括迅雷 9 用户 QQ 群、论坛、微博等（见图 1-36）。正面评价，多为安装界面的炫酷、下载列表的简洁、全网搜索的方便。而反面评价主要针对右侧首页，这也是目前争议最多的部分。从公司层面来讲，迅雷不应该是个单纯的下载工具，它应该可以承载更多的内容。用户用迅雷是为了得到内容，而不仅仅为了"下载"这个行为。对于视频内容而言，用户的消费途径已经在由"下载后观看"往"在线观看"这个方式转变。迅雷 9 相信能够为用户提供一些精选的内容，并且通过右侧这个载体来为用户呈现。对于一个新的功能模块，会有人喜欢，也会有人反感，但大部分人是反对变化的（这是很正常的，甚至认为这是人类正常的心理）。对于一个处于推广初期的产品，面对这样大的改变，有必要让用户先行体验。

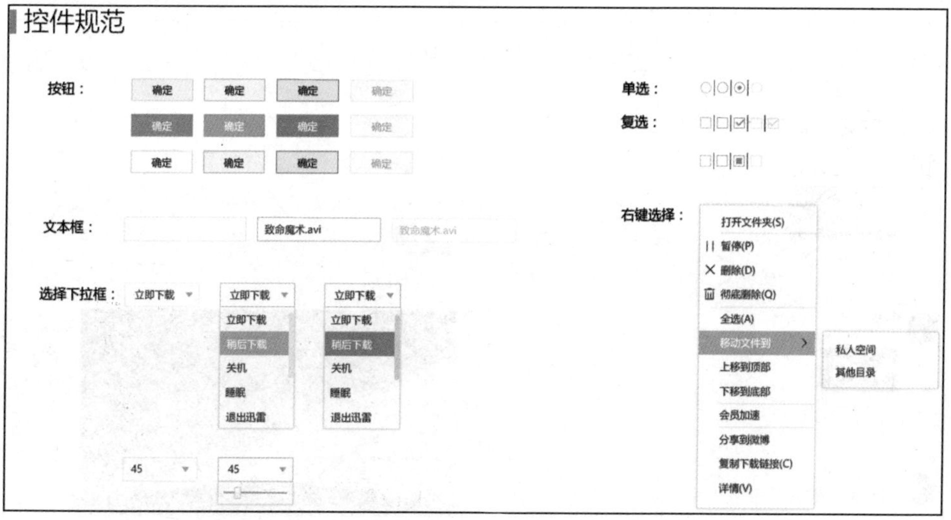

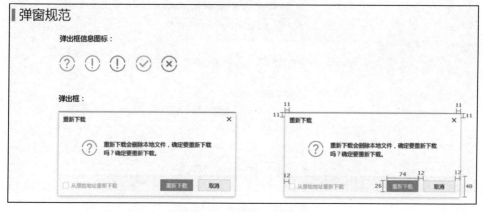

图 1-33　迅雷 9 控件规范

图 1-34　迅雷 9 弹窗规范

图 1-35　迅雷 9 卡通形象规范

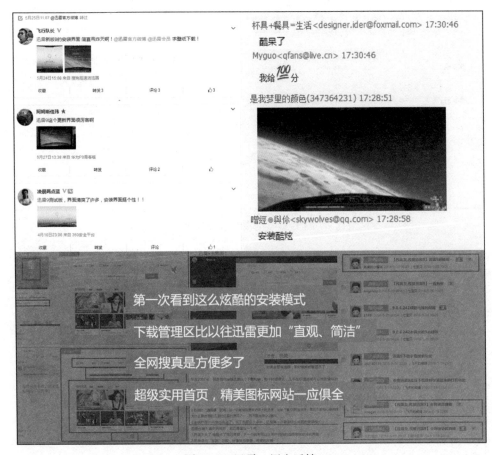

图 1-36　迅雷 9 用户反馈

2. 数据的反馈与产品迭代

迅雷 9 正式上线、日活跃用户在百万规模时的数据反馈（包括产品功能和商业价值的）如下：

- ❑ 迅雷 9 新 LOGO 设计可识别性更强，用户通过桌面图标和任务栏启动较迅雷 7 时高出一倍。
- ❑ 迅雷 9 登录入口强化，登录面板重新设计，用户整体的登录率提升明显。
- ❑ 迅雷 9 将"高速通道加速""离线下载加速"专业词组合并到"会员加速"，通过动画效果增强展示效果和迅雷 9 会员付费渗透率，对新会员用户拉新提升效果明显。

数据和用户的反馈是对产品设计最好的验证，也为后续的迭代优化提供了有力的支撑。在接下来很长的一段时间里，迅雷 9 都在经历着两周一个版本的快速迭代。其中仅主页前后就经历 4 个大的版本优化（从 A ～ D 版，见图 1-37）：

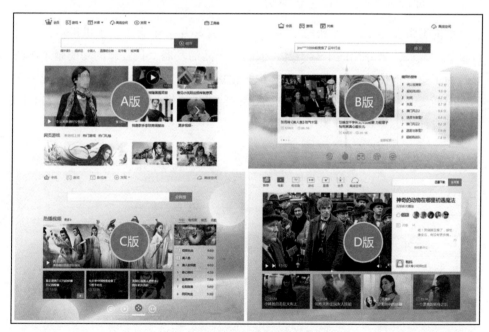

图 1-37　迅雷 9 首页版本演变

- ❑ A 版：采用灰色导航和内容滚屏设计，属于传统页面（上线后内容转化差，用户反馈内容广告化）。

❏ B 版：进行了轻量化设计，采用单屏内容自动切换方式，增强了业务曝光（短视频和游戏内容转化均提升 1 倍）。

❏ C 版：基于 B 版在视觉和内容上进行了丰富，考虑了更多业务内容，增加了酒窝直播、美图写真等内容。

❏ D 版：更加明确的主页设计，以短视频内容为主要方向。主页结构上采用伪单屏设计（较为轻量化的设计），视频内容采取静音自动播放（更直接的内容消费）。

至截稿时，D 版正处于灰度发布期。除此之外，迅雷 9 其他功能的体验优化也一直在进行，在追求完美的道路上，迅雷 9 的设计师们也一直在努力着。

1.3 手机迅雷目标导向设计

1.3.1 手机迅雷安卓 5.0 设计背景

手机迅雷在 2012 年发布第一版至今已经有好几个年头了。手机迅雷原来定位是移动端最快最好用的下载工具，但随着产品的发展，找资源的功能越来越凸显。为了更好地传达产品特色，进一步优化找资源等核心功能，在满足用户需求的同时能提高商业价值，我们对手机迅雷进行了重新定位，即进行了 Android 5.0 的改版设计（见图 1-38）。

图 1-38　手机迅雷版本发布时间轴

1.3.2 设计准备——定量的数据与定性的调研

1. 定量的数据分析

（1）用户属性研究

在设计准备阶段，首先要了解我们的用户。我们对手机迅雷的用户做了属性的研究，截取了 30 天的数据，分别对 TOP 10 渠道新增用户、渠道活跃用户、渠道启动次数、单次使用时长、次日留存率这五项进行评分，并对每项得分从高到低排序，排名第一的渠道加 10 分，第十的渠道加 1 分，得分越高的渠道综合用户质量越高，满分 50 分。

那么高质量的用户分别来自哪里呢？经评估和分析发现，广东和北京的用户量最大，高质量用户主要分布在沿海地区和京广沿线。其中中国移动用户占据半壁江山（56%），且大多数是在 WiFi 环境下使用，占 70%。

从 15248 个分享授权用户看用户群属性缩影：男性用户偏多，且最多的为 90后，以公司职员居多，兴趣爱好为 IT、电影电视等，行业则以自由职业、制造加工业最多，大部分分布在北京、上海、广州等地。

用户构成（30 天）如图 1-39 所示。由图可知，用户忠诚度较高，每周活跃用户中，忠诚用户（连续活跃 5 周）占比近半。

高质量用户是谁？

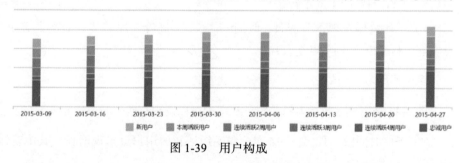

图 1-39　用户构成

用户新鲜度（3 个月）如图 1-40 所示。

由上图可知，日活跃用户中，30 天前新增用户占比较高，用户对产品的新鲜度保持较高。

由此我们得出结论：高质量用户中，老用户占比较大，而新增用户留存率较高。由此可见，维系老用户、加强新用户引导极为重要。

（2）用户使用习惯

用户什么时候用呢？从图 1-41 所示中可以看到，我们的活跃用户、新增用户、启动次数的数据轨迹高度吻合，均在周末和节假日出现峰值。

用户新鲜度（3个月）   日活跃用户中，30天前新增用户占比较高，用户对产品的新鲜度保持较高

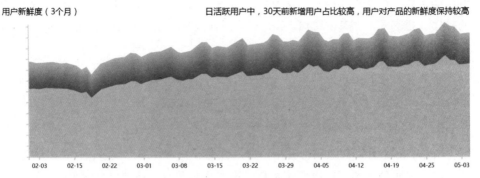

02-03   02-15   02-22   03-01   03-08   03-15   03-22   03-29   04-05   04-12   04-19   04-25   05-03

高质量用户中，老用户占比较大，而新增用户留存率也较高，可见：维系老用户，加强新用户引导极为重要

图 1-40   新鲜度

在时段启动次数和时段活跃用户的图中（见图 1-42）可以发现下面三个点：

1）124 小时时段中，活跃用户数与启动次数数据走势高度吻合；

2）累计数据发现：平时（周一到周五）高峰时段趋势一致为午休时段（12 点左右）、下班时段（18 点左右）；

3）累计数据发现：节假日（假期 / 周六日）高峰时段趋势一致为起床后（8 点左右）和晚饭后（19 点左右）。

用户使用习惯趋势——什么时候下载安装？

图 1-43 是用户下载行为趋势图，从图中可以发现有两个时段比较明显的特点：

1）午休时间段（12 点～ 14 点）和晚饭后新增用户量出现增长，其中晚饭后持续递增，直至 24 点后达到峰值。

2）与时段用户启动次数与活跃数量的用户峰值数据走势吻合。

用户点了几个页面，下次什么时候用？如图 1-44 所示，从用户访问页面分布可以看出：

1）大部分用户访问 1 ～ 2 个页面，目的性较强，目标明确，浏览性需求较少；平均访问 5 个页面可完成搜索。

2）24 小时内再次启动客户端的用户占比极高，说明手机迅雷可满足用户强需求，用户黏性高。

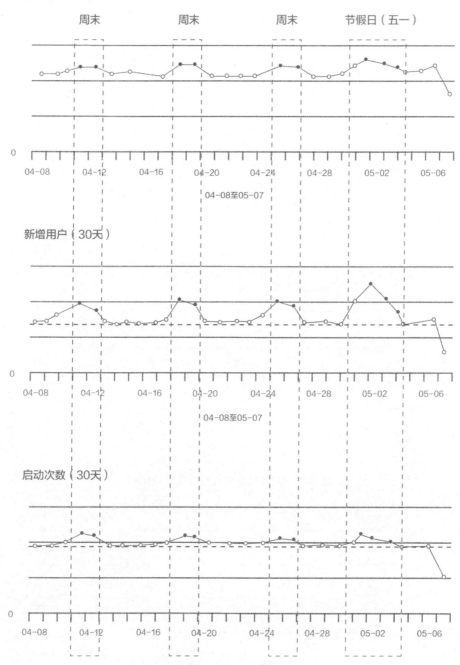

图 1-41 活跃用户使用习惯

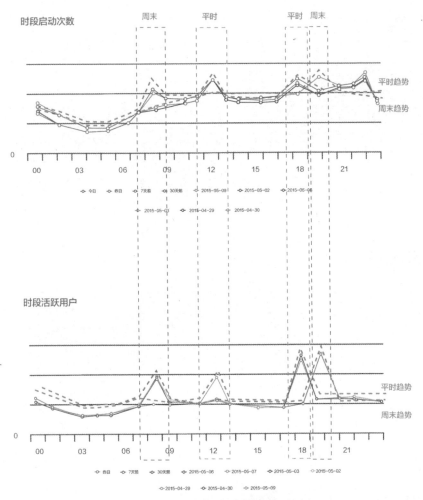

图 1-42　时段启动次数与时段活跃用户

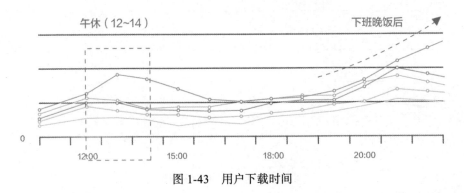

图 1-43　用户下载时间

访问页面分布

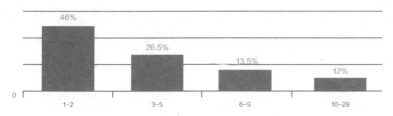

使用间隔

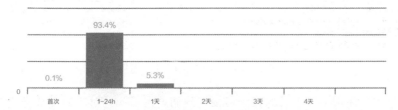

图 1-44　用户访问页面与使用间隔

基于数据，得到我们的用户模型如图 1-45 所示。

姓名: 小雷
性别: 男
年龄: 25
星座: 摩羯座
现居: 广州
职业: 公司职员
爱好: IT 汽车 游戏 电影
看网易 刷微信
装备: 三星Galaxy Note3
网络: 移动4G包月+Wifi

· 客户端获取渠道多为在手机下载时推荐
· 对搜索的准确性、内容质量要求较高
· 大多数Wifi环境下使用客户端
· 平时中午和晚上使用较多、周末早晚使用
· 1小时以上空闲时间使用率高，碎片化时间使用少
· 晚上使用时间较长集中
· 家里（Wifi）也多使用手机上网、看视频、看新闻、玩游戏、嫌开电脑麻烦
· 晚上睡觉前，一定会躺在床上看一会手机再睡觉
· 使用目的性较强，启动直接进入下载中心或搜索
· 下载完成直接在下载中心点击播放观看，继续观看时仍去下载中心点击播放
· 会多次启动客户端查看正在下载内容进度
· 习惯了免费资源获取，但愿意在更多的特权和资源的基础上成为付费会员

图 1-45　用户画像

通过定量的数据分析，从高质量用户的来源、用户属性等特征，我们抽象得到手机迅雷安卓版的用户模型；通过研究用户的行为特征，我们了解到用户使用手机迅雷的习惯（见图1-46），那么这些使用习惯，对我们设计有什么参考和帮助呢？

图1-46　使用习惯对应的设计优化点

通过用户使用手机迅雷的行为习惯，我们列出了一一对应的设计优化点。比如，用户对搜索的准确性、内容质量要求比较高，那么我们在设计的时候要特别注重搜索功能的持续优化；又比如，用户晚上使用的时间较长、较集中，那么我们在设计的时候应该要考虑是否可以增加夜间浏览及视频观看模式。这些设计优化点的提取，对我们在改版的过程中制定具体的设计方案，以及安排优先级都有很大的帮助。

2.定性的用户行为分析

（1）体验地图——用户的问题与期望

通过定量的数据分析得出用户模型和用户使用习惯，其中的关键是提取设计优化点。

制作行为地图（见图1-47），发现用户在一些关键行为路径中遇到的问题，并给出解决问题，这是用定性的用户分析，来进一步确定设计要优化的方向和问题。

通过制作行为地图，我们看到用户关键的行为路径是这几个：搜索、下载、观看。每个关键路径上，用户都会有一些顺畅的体验和产生的问题。行为地图中在这几个关键行为路径里用户遇到的问题，有解决这些问题相应的方案，其中很多方案在手机迅雷5.0版本设计中已经得到体现。

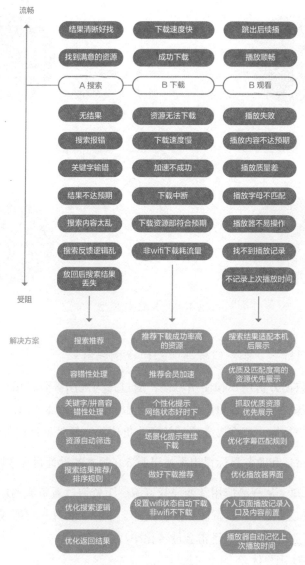

图 1-47　行为地图

（2）用户需求层级分析—KANO 模型

通过定性的用户访谈和分析，我们做了用户对手机迅雷的需求的 KANO 模型
（见图 1-48），发现用户对手机迅雷的期望因素和魅力因素基本都是集中在快速找
到资源和快速下载上。这也是非常符合手机迅雷的产品定位的，说明手机迅雷早
已不是单纯的下载工具了。

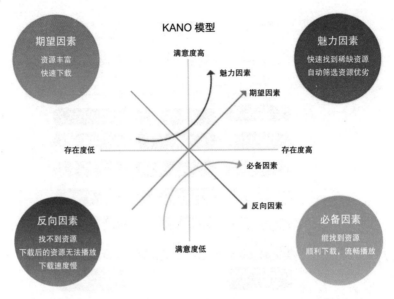

图 1-48　KANO 模型

1.3.3　设计目标——用户目标与业务目标相结合

前面通过数据分析用户和使用习惯，通过行为地图等分析用户在使用过程中存在的问题和解决方案，得出用户对手机迅雷的需求层级 KANO 模型等，所有这些都为得出用户目标。那么提高产品的商业价值等，便是手机迅雷的业务目标。

结合用户目标和业务目标得出手机迅雷 5.0 版本的设计目标（见图 1-49）：

❑　产品认知，从视频应用转变成找资源、下资源、看资源的应用。

❑　优化核心功能——找资源，使得找片、下片、看片一气呵成。

❑　提高商业价值，提升迅雷会员转化率。

❑　提升整体用户体验。

图 1-49　手机迅雷 5.0 设计目标

下面围绕这四个设计目标，讲述我们做了哪些设计方案，取得了哪些成效。

1.3.4 目标导向的设计方案和成效

1. 改善用户对产品认知的方案与成效

前面讲过，GPK 指标体系由总目标（Goal）、表现（Performance）、设计目标（Design Object）、关键事件（Key Results）四个部分构成。GPK 指标体系的目的是定义要完成设计目标具体要做哪些方案设计，并通过这些方案来进一步衡量设计目标是否达成。

下面就以实现手机迅雷的四个设计目标为例来看看 GPK 指标体系的具体应用。

目标一（G）：改善用户对产品的认知。

表现（P）：

❑ 将用户对产品的第一印象由原来的影视应用改变为找资源、下资源与观看资源为一体的更全面的应用。
❑ 更多的用户来手机迅雷找到资源。

设计目标（DO）：

❑ 提升用户对手机迅雷产品更全面的认知。
❑ 提升找资源的使用率。

关键事件：（KR）

❑ 优化底部导航，去除多余信息，使结构更加清晰；
❑ 优化首页结构，弱化下载，突出搜索找资源功能；
❑ 优化首页内容、资源打包成专题形式，使内容更加丰富。

这里 GPK 指标体系中的关键事件（KR）是达成设计目标要做的事情，其实就是落实的"设计方案"。

用户对产品的认知，往往由两个方面：导航与首页。手机迅雷 2.0 底部四个导航 Tab，下载是其中之一，首页除了推荐资源，还没有搜索功能，如图 1-50 所示。所以手机迅雷 2.0 的版本中用户对产品的认知更偏向是个下载工具。

4.0 版本，底部 Tab 资源分类变多，增加了搜索框，弱化了下载，下载移到了顶部搜送栏旁边，但用户对手机迅雷的认知，是个和迅雷看看、腾讯视频、爱奇艺类似的视频应用，如图 1-51 所示。

图 1-50　手机迅雷 2.0 主界面　　　　图 1-51　手机迅雷 4.0 主界面

手机迅雷 5.0，顶部搜索栏已经占据了最核心和重要的位置，手机迅雷已看上去不是一个单一的视频网站，而是集搜索、下载、观看为一体的应用，如图 1-52 所示。"找资源"是手机迅雷的一大特色。

此外，首页资源精华浓缩，比如 4.0 版本中每个类型，如电视、电影、动漫等资源全部展开，到 5.0 版本改成大部分以专题形式推荐，使首屏推荐的内容更多样和聚焦精华，让用户产生兴趣。

目标一成效：改版后，5.0 版本用户认知更符合产品传达方向，核心功能"搜索"比重占首页的 60%，且首页跳出率降低 6%。

图 1-52　手机迅雷 5.0 主界面

2.核心功能优化的方案与成效

我们再用 GPK 指标体系来阐述手机迅雷设计目标二。

目标二（G）：优化手机迅雷找资源的核心功能。

表现（P）：

❑ 使用搜索功能的人数和频率增加。
❑ 资源结果内容呈现更加清晰友好。
❑ 找资源的步骤更简单顺畅。

设计目标：（DO）

❑ 增加搜索功能的使用率。
❑ 优化资源结果的体验。
❑ 提升找资源的效率。

关键事件：（KR）：

❑ 增加搜索路径——资源详情页搜索。
❑ 优化搜索结果，同类资源归类，合并成文件夹。
❑ 搜索结果反馈路径的体验优化。

如果说 PC 端迅雷 7.0 的核心功能是下载，那么手机迅雷又增加了找资源的核心功能。下面就看看为了达成设计目标二而做的关键事情，即设计方案。

（1）增加搜索路径：资源详情页搜索

在观察用户的行为路径过程中我们发现，当用户发现在资源详情页展示的资源并不是他所要查找的资源时，他会返回到原来的路径，重新进行搜索。因此我们在资源详情页增加了搜索，这样可以缩短用户再次返回的行为路径，提升重新找资源的效率。详情页搜索界面如图 1-53 所示。

（2）优化搜索结果：同类资源归类，合并成文件夹

除了对搜索路径进行优化外，对于搜索的结果我们也做了很多用户体验方面的优化。

在 4.0 版本里，用户搜索的结果的展现是非常乱的。举个例子，用户查找某影视，搜索结果呈现的是无数该影视的集数，没有经过整理，查找定位某一集很

困难。而在 5.0 版本设中，我们对搜索结果做了同类资源归类，将同类资源合并打包成一个文件夹，相当于对资源结果做了收纳盒整理，这样用户对搜索结果就一目了然了，如图 1-54 所示。

图 1-53　详情页搜索

图 1-54　同类资源归类

（3）搜索返回路径体验的优化

原返回路径：3 → 1。

修改后路径：3 → 2 → 1。

那么为什么多出中间一页 2，2 是什么页呢？ 2 是搜索结果页，3 是搜索详情页，从 3 返回 2 我们认为更加合理。因为当用户对搜索详情页不满意的时候，如果返回到 1（1 是搜索前置页），就要重新进行搜索，重新等待加载 2，如果从 3 返回 2，就减少了用户对当前资源不满意重新进行搜索的行为操作和等待时间。

这个看似简单的改动，其实花费了开发人员很大精力。因为 5.0 之前的版本一直是 3 到 1 这样的返回路径，好像大家都习惯了，但这实际上是非常不符合用户预期的，用户体验不是很好，而如果要做改动优化，开发改动量很大。但返回路径的优化确实对用户体验的提升很有帮助。最后的效果也印证了我们的预期，搜索返回路径优化后，我们在用户群里收到了不少老用户的好评。

返回路径优化示意如图 1-55 所示。

图 1-55　返回路径优化

（4）目标二的成效

搜索效率的提升减少了用户等待和查找的时间，同时对搜索结果页及搜索路径的优化，整体提升了找资源的体验。

3. 目标三：提升会员转化的商业价值方案与成效

同样用 GPK 指标体系来阐述手机迅雷设计目标三。

目标三（G）：提升手机迅雷的会员转化率。

表现（P）：

❑ 在下载场景下，有更多的用户为加速而充值成为会员。
❑ 充值流程顺畅无阻碍。

设计目标：（DO）：

❑ 提升关键场景下载页面的会员支付转化。
❑ 优化支付体验，提升支付成功率。

关键事件：（KR）：

❑ 优化下载页，在合适的用户需求场景下曝光会员加速。
❑ 优化支付，缩短流程，减少页面跳转。
❑ 优化支付逻辑，支付前置。

（1）下载场景支付优化

在手机迅雷中，下载场景的支付转化率对于手机迅雷来说非常重要。这不难理解，用户在下载场景中经常会遇到一些问题，比如速度慢、有些资源不可下载等，这个时候，如果告诉用户开通会员，下载速度就会大大提升，不可下载的任务就可以顺利下载，用户是不是会很乐意的去开通呢？

在 4.0 版本中，"下载中"和"已完成"是两个 Tab，在 5.0 版本中，我们把下载中和已完成合并成一个页面，并且增加了下载推荐，如图 1-56 所示。

原来 4.0 版本中，开通会员的按钮在资源详情页，而资源详情页属于三级页面，通过长按下载任务条才会出现资源详情页，也就是说开通会员的按钮藏得及其深，很多人都还很难发现，如图 1-57 所示。

在 5.0 版本中，我们把会员开通按钮前置到了一级的下载列表页（见图 1-58），虽然下载列表增加了会员加速的按钮，但并不是盲目地硬性引导用户付费，而是根据用户场景在合适的时间给予用户提醒，比如如下场景：

❑ 检测到用户并非会员，但经常下载大数据的场景。

□ 当某个文件链接不可用，开通会员通过高速通道可以解决的场景。

□ 当整体下载速度过慢，开通会员可以大大加速的场景。

图 1-56　合并支付页面

图 1-57　下载详情页

图 1-58　会员开通按钮前置

（2）支付流程优化

如图 1-59 所示，支付的流程原来需要从 1 到 2，现在我们把 1 和 2 页面直接合并成一个页面 3。

图 1-59　支付流程优化

1 页面其实就是两个选项，快捷充值和激活码充值。

其实很多用户都使用快捷充值，也就是用支付宝和微信充值，很少有用户用激活码充值，所以在页面 3 中，我们把激活码支付放到一个不重要的位置就可以了，没有必要出现一个单独的页面让用户选择。多一步操作，就意味着多一些流失率，转化率就会降低。

（3）支付逻辑优化

在安卓手机应用中，在未登录的情况下，是付费比较麻烦，还是登录比较麻烦？

其实现在微信支付和支付宝支付的易用性已经做得非常好了，反而登录才是用户感觉最麻烦的事情。数据显示，用户点击了支付，登录过程中的流失率所占比重是很高的。

图 1-60 所示是对支付逻辑的优化。

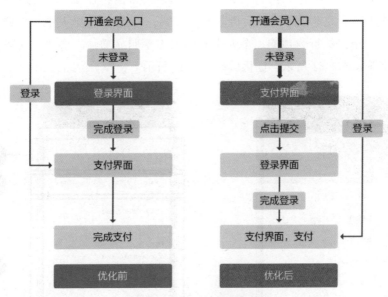

图 1-60　支付逻辑优化

我们把登录后置，将未登录的用户先引流到支付界面。这样做一是可以提前展示会员特权；二是符合一个原则，最困难的事放到最后一步。这和游戏打怪练级的道理一样，最后一级需要的经验是最多的。

（4）目标三的成效

通过下载场景优化、支付流程优化、支付逻辑优化等设计，手机迅雷在 5.0 版本中，会员转化率得到了很好的提升。

下载列表支付转化率由原来占手机迅雷总转化率的 30% 提升到 70%，同时总体的支付页面开通会员人数和收益均比之前增长了 100%。

4. 整体的用户体验的改善与成效

产品整体用户体验的提升，从全局目标定位到核心功能的体验优化，再到各页面的细节与动效微交互等的设计都是息息相关的。目标一改善用户对产品的认知，目标二对核心功能体验进行优化，目标三在合适的场景下给用户推荐会员加速等，这些都给用户带来了好的体验和价值。以下再举一些典型的案例，包括个人页优化、其他微交互设计等，这些也可提升产品整体的用户体验。

（1）个人页优化

对于个人页的优化，我们先揣测用户的行为路径和心理，然后通过数据分析，模拟用户行为地图等，最后再落实到方案。5.3 版本将个人中心部分资源外露，更符合用户的行为预期，个人中心的点击率明显增强，增加了视频消费数据。优化前如图 1-61 所示，优化后如图 1-62 所示。

图 1-61　个人页优化前

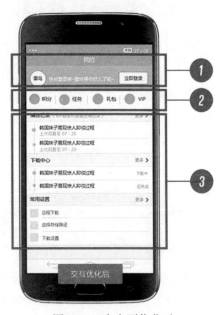

图 1-62　个人页优化后

个人页信息架构重新分类整合，维度更清晰，布局更合理：

❏ 个人信息空间比例缩小，预留更大区域显示用户关注的内容，以符合用户心理预期。

❏ 积分、任务、礼包、VIP 在同一维度展示，结构更清晰。

- ❑ 播放记录、下载中心、常用设置更直观。将点击量高、与"我"关联性强
  的内容交互层级提高，并默认展示最近和最常用的多条，减少用户操作步
  骤，使其能第一时间找到预期内容。

（2）个人页优化结果

优化后，部分展露的内容完全符合用户的心理预期。下载中心—更多、下载
设置、播放记录–更多占了个人页点击率的前三位，如图 1-63 所示。

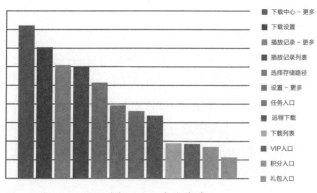

图 1-63　个人点击

（3）其他体验优化

此外通过细节打磨，趣闻 iocn 的微交互、播放器的优化、增加夜间模式等也
整体提升了用户体验，如图 1-64 所示。

图 1-64　其他体验优化

（4）目标四成效

个人页、播放器优化等，包括之前的搜索等体验优化都给用户带来了体验提升，用户体验整体提升。

1.3.5 目标导向设计的结语

设计不是纯粹的画交互稿、视觉稿，我们也应该有驱动产品改进、实现商业价值的责任与追求。

在产品设计的前期，通过数据分析、用户调研等方式做充分的设计准备，重要的是读懂用户，了解用户的属性、来源，分析用户的行为、习惯，以及在使用产品的时候存在的问题、最希望产品解决的问题等。有了这些充足的准备，我们才能更明确地制定设计目标。再通过 GPK 指标体系细化目标，以设计目标为导向制定相应的设计方案。一步步有理有据地解决问题、达成目标，使看似感性的设计变得理性，为用户带来更好的体验，也为业务带来更大的商业价值。

1.4　迅雷会员俱乐部

迅雷会员官网作为会员用户的专属平台，是服务于 500 万会员的重要门户，也是引导新用户转化的重要渠道。随着超级会员、年费会员的上线，会员体系不断完善，会员类型更加丰富，我们将致力于打造高端会员用户的尊贵感与身份象征，所以旧版官网逐渐满足不了会员产品和运营的需求。超级会员上线仅 1.5 个月会员用户量突破 6 万，用户对综合性会员及尊贵身份的热情超出我们的预期，改版势在必行。因此我们开启了全新官网的改版行动。

在改版的整个过程中，我们应用了 EDMS 方法论，从设计分析到目标转化，从设计方案落地到设计验证，一步步打造了一个全新的会员俱乐部。

1.4.1 设计准备

在开始着手改版设计之前，我们做了一系列的设计分析，从数据、用户、竞品三个维度，定性与定量相结合，通过分析数据发现问题、定位问题，通过研究目标用户定义用户需求，通过分析竞品广告位找到产品定位，为即将开展的设计做好充足准备。

1. 数据分析

从会员官网首页广告位轮播图的点击量数据我们得知，当轮播标题为"最强福利日"时，即便该内容在第三帧，其点击量也远高于曝光率高的第一帧和第二帧，可见用户的内容驱动性极强，且对福利的关注度较高，如图 1-65 所示。

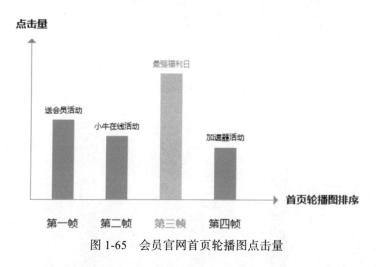

图 1-65　会员官网首页轮播图点击量

从会员官网导航栏的页面点击量数据来看，"福利特权"页面的点击量远低于其他页面。由此可见，用户对福利的认知不仅限于福利券，且用户在页面停留时间短，故需第一时间捕捉到信息，跳转和主动筛选效果较差。同时，还可以得出，用户对"个人信息"和"迅雷特权"的点击量较高，因此可知，用户更关注与自身强相关的内容并希望了解可以享用的会员特权和福利。相关数据如图 1-66 所示。

从会员官网的用户类型数据可以得出，会员官网上非会员和新用户的占比极高，如图 1-67 所示，所以针对非会员转化、新用户教育及留存的有效设计，对会员官网的整体业绩提升会有较大的帮助。

从各渠道用户登录数据来看，会员官网上用户登录的数据远低于迅雷 7 和手机迅雷等渠道，如图 1-68 所示。由此可知，迅雷用户对场景和功能的依赖性更强，在客户端和 APP 上结合功能的使用为强需求，主动访问官网的动机较弱，用户刺激不足，黏性较低。

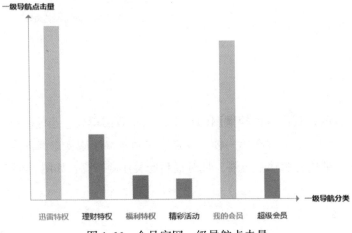

图 1-66　会员官网一级导航点击量

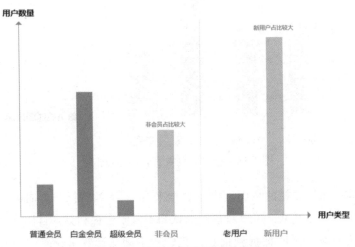

图 1-67　访问会员官网用户类型

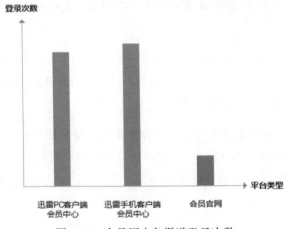

图 1-68　会员用户各渠道登录次数

最终得到的用户类型和用户行为如图 1-69 和图 1-70 所示。

图 1-69　官网用户类型

用户行为

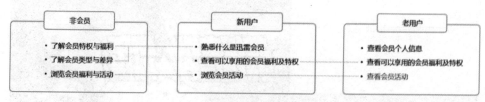

图 1-70　官网用户行为

结合用户特性及三类型用户在官网的行为属性叠加，可以看出：

1）官网需增加"会员介绍"，满足非会员和新用户对会员了解的需求。

2）官网需增加"成长规则"，满足用户对比不同会员之间特权差异的需求。

3）官网需加强福利及特权的展示及介绍，且在用户进入官网后第一时间可以捕捉到该信息。

4）"会员介绍（特权）+会员福利+会员活动+个人信息+续费"是用户核心需求，且需要第一时间捕捉信息，因而可在官网首页进行展示。

2. 广告位分析

我们进行了一次广告位专题研究，分析的维度包括广告位的内容组成、文案、形式、交互布局、方式、反馈等，如图 1-71 所示。

图 1-71　广告位分析维度

　　针对官网广告位的应用，把落脚点放在了头部轮播图的样式、组成、文案、操作方式和相应反馈上，如图 1-72 所示。其中轮播图缩略的方式可以让用户快速定位且提高多个轮播图的曝光，这对我们的启发很大。

图 1-72　轮播图展现形式分析

　　在广告位和网站的内容展示上，文案的风格直接影响着用户的浏览和决策，而对于迅雷会员这类实用派、功能化的产品而言，从用户的使用场景和生活需求出发，无疑是打动用户切入点。因此对于文案的表述，我们重点研究了生活化文案的方向，如图 1-73 所示。

　　从用户体验、运营成本、视觉效果、商业价值（提高点击率）等多维度综合衡量，我们认为通栏的广告背景、缩略图定位的方式、规范化的视觉样式可作为后续官网广告位设计的主要借鉴点，而网站的文案风格走生活化的方向，如图 1-74 所示。

图 1-73　文案表述方式分析

图 1-74　会员官网广告位设计方向与定位

1.4.2　目标转化

1. 目标构建

通过前期数据分析可知，旧版会员官网的主要问题在于用户活跃度低、用户黏性低；非会员和新用户占比较高，但流失率也很高。造成这一问题的原因包括：核心内容缺失或展现不足；对用户需求了解不足，运营味过重，变为"广告集散地"；缺少以用户为中心的运营思路，推广方式强硬且不易理解。因而，本次会员官网改版的目标相当明确，短期目标：提升官网平台用户活跃；提高用户留存。中长期目标：提升官网流量分发能力，如图1-75所示。

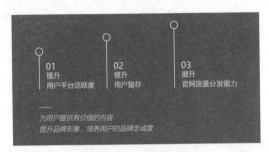

图 1-75　业务目标

迅雷会员的入口和渠道较多，除官网外，迅雷7、迅雷9、手机迅雷、XMP等各个渠道的多个入口均承载了会员相关内容的展示。迅雷会员各入口存在如下问题：不规范，缺少统一规划和梳理；同一渠道的多个入口定位不清晰，内容无差异；利用率较低；不同渠道的同类型展示位内容不一致，给用户带来困扰。因而需要对会员的所有渠道和入口进行统一的梳理和清晰的定位，以发挥不同入口的价值，提升会员转化率，如图1-76所示。

渠道	入口	定位	内容提示
迅雷7 迅雷9	头像Hover	个人信息	个人信息
	头像点击	强化个人信息及会员信息展示 通过差异化引导升级	个人信息+会员信息+支付
	VIP迷你页	突出VIP特权，加入试用引导 转化	特权+试用
	小秘书	支付与活动导量的重要入口	支付+特权+活动
	会员中心	体验一致性及品牌延续性	会员官网内嵌
手机迅雷	会员中心	会员福利与特权	会员福利+支付
XMP	会员中心	体验一致性及品牌延续性	会员官网内嵌
会员官网	会员官网	会员俱乐部+品牌宣传	承载会员相关所有内容

图 1-76　同渠道会员入口定位

基于上述两点分析，最终我们得到会员官网目标定位，如图 1-77 所示。

图 1-77　官网定位

2. 目标转化

官网定位清晰后，我们分析转化，得到网站的运营和设计目标。我们保持设计目标和运营目标的高度一致，将目标转化为可落地执行的设计思路，为后续的方案设计指明方向，如图 1-78 所示。

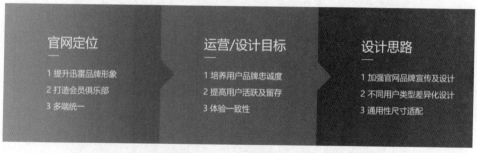

图 1-78　设计目标的转化

1.4.3　目标导向的设计落地

1. 信息架构完善与优化

（1）官网信息架构的重新梳理，信息分类更全面更系统（见图 1-79）：

❑ 导航栏中去掉福利特权，新增游戏特权、会员介绍、成长规则、年费会员。

❑ 将"超级会员"合并到"会员介绍"中。

❑ 迅雷特权优化为功能特权。

❑ 我的会员与个人中心合并，入口整合到头像点击。

❑ 新增"系统通知"的消息触达渠道。

图 1-79 网站一级导航架构优化

（2）对会员特权进行重新梳理与归类，如图 1-80 所示。

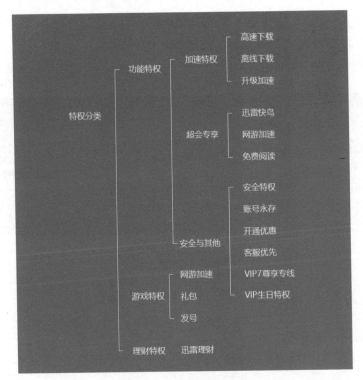

图 1-80 会员特权梳理

2.目标导向的设计落地

（1）首页优化，具体如下：

❑ 首页去掉理财、福利、游戏等推广内容，告别"广告集散地"，只展示用户福利、会员介绍、会员活动等与会员强相关的内容，将"会员俱乐部"的定位和理念传递给用户；

☐ 固化会员福利模块在首页展示，提升用户黏性，将所有与用户福利相关的内容整合到一起，营造趣味性，加强用户参与度；

☐ 严格控制首屏高度，保证在第一屏展示福利专区的内容；

☐ 根据每种会员不同的特权内容、用户使用场景和用户痛点，设计生活化文案，告别 icon+ 文字的形式，以更自然的方式打动用户；

☐ 自主拍摄，根据文案搭建场景和拍摄环境，请公司同事现场拍摄（非专业模特），以更真实的方式展现迅雷生活和使用状态，同时塑造良好的迅雷品牌形象。

首页优化前后的对比如图 1-81 所示。

图 1-81　网首页改版前与改版后对比

（2）Banner 位优化设计，页面更整体更规范。

❑ 采用通栏大背景方式，增强页面整体性。

❑ 规范化（见图 1-82），底图背景统一公用，素材、标题、按钮可替换，但位置固定，避免杂乱的色彩和素材布局影响页面视觉效果。

❑ 轮播采用文字缩略展示方式，用户可全局了解轮播内容，有效提高多个轮播内容的曝光。

❑ 轮播图文及缩略文案根据用户身份、类型的不同而进行差异化展示，逐步实现精准运营。缩略文案分为新手专享、会员专享、游戏特权、理财特权、迅雷推荐等内容模块，方便不同类型用户快速定位，避免同时出现多个同类的广告造成资源浪费，同时对于新手用户和非会员用户展示新手专享活动，实现精准推送，提高转化率。

图 1-82 首页广告位设计规范

（3）设计过程中，每一个重要内容都输出了两套方案，经过反复推敲和比对，让我们更加清楚地找到网站的定位和风格，进而确定一个方案继续优化，最终得到一个最适合的方案。取两个方案各自的亮点和切合点，发挥出 1+1>2 的价值。

1）官网视觉风格设计了 A/B 两套方案：方案 A 清新整洁，普适性更强；方案 B 硬朗个性，视觉冲击力较强，如图 1-83 所示。

图 1-83　首页 A/B 方案

　　2）会员及特权场景构思撰写了 A/B 两套文案：方案 A 走情怀路线，通过情感和生活气息打动用户；方案 B 走功能路线，直白地将不同会员的功能和特权告知用户，如图 1-84 所示。

图 1-84　场景文案 A/B 方案

3）页面宽度设计了 1200px 和 900px 两个尺寸，以完美适配网页和迅雷客户端，且实现了从 1200px 到 900px 宽度间自由拉伸缩放时的自适应，有效提高了使用体验。其中，900px 的宽页面如图 1-85 所示。

图 1-85　客户端嵌入 900px 宽页面

（4）运营闭环引导设计，具体如下：

1）用户福利专区显性化展示不同等级身份用户的福利差异，引导用户开通或升级会员，包括白金会员打卡与超级会员打卡天数的对比、翻拍奖品的对比以及领取红包数额差异的对比等，如图 1-86 所示。

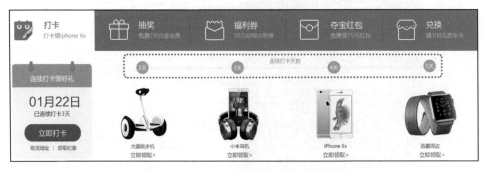

图 1-86　不同身份会员打卡天数显性化

2）强化当前成长值和升级后成长值的显性化展示并进行对比，刺激用户升级欲望，如图 1-87 所示。

图 1-87　成长值差异显性化

3. 设计规范

设计规范的制定对于设计的品牌性、一致性和后期维护来说至关重要，因此我们定义了会员官网品牌色，将文字、标题、背景等内容的颜色都做了详细的规范，如图 1-88 所示。

图 1-88　网站色彩规范

制定了广告位和字体排版规范。对广告位的文案、按钮和素材图的位置、大小、间距，以及文案的多种排版方式，都做了明确和细致的规定，以确保广告位保持一致，不因内容的变化而杂乱不可控，如图 1-89 所示。

1.4.4　数据反馈

新版官网上线后，为验证设计效果，我们从吸引度、完成度、满意度、留存、推荐度这五个可量化指标进行分析，其中：

图 1-89　广告位规范

1）吸引度 – 点击率：上线 7 天后，首页轮播图点击量较旧版提升 40%，点击率提升 50%。

2）吸引度 – 跳出率：上线 15 日后，环比上月同期旧版数据，跳出率降低了10.48%。

3）吸引度 – 新增页转化率：新增页面开通量效果较好，运营闭环设计的用户转化效果初见成效。

4）完成度 – 目标到达率：通过百度热力图（见图 1-90）可以看出，新版官网首屏中，Banner 及福利专区的信息布局及设计引导非常成功，用户的点击热点与信息传达的引导与预期匹配度极高。

5）留存 – 次日留存率：上线 15 天后，次日留存率提升了 48.5%。

通过 EDMS 方法体系的应用与实践，使得此次的官网改版进行得更加有序和规范，每一步的进展和输出都为设计提供了强有力的依据，最终的设计方案上线后通过数据也印证了 EDMS 设计方法的有效性，体现了设计的价值所在。

图 1-90　首页第一屏热力图

1.5　页游官网设计的细节与情怀

1.5.1　页游官网项目背景

迅雷页游从 2010 年至今，在不断打磨、提升运营能力的同时，也越来越注重提升产品的用户体验。随着页游数量和手游数量的增多，页游官网 2.0 版本在后期新增了很多产品功能，存在承载信息冗余、扩展性差、用户找活动和游戏不方便等问题，渐渐满足不了大量游戏接入平台和其他的业务需求。

设计人员和项目运营人员对现有官网存在的问题进行研究和分析，并进行用户调研以求更深入地发现问题，从而希望官网能更符合用户需求和业务拓展需求。设计人员主动推动对官网进行 3.0 版本的升级。

1.5.2　整体设计流程

整体的设计流程如图 1-91 所示。从设计准备到共建目标，再到以设计目标为导向，在官网的整体架构、交互细节、视觉风格、重构技术等方面制定详细设计方案，到第一版发布后还要积极跟进和迭代。后面会一一讲解页游官网设计的这几个步骤：从设计准备到设计目标的制定；从设计目标到设计方案的落地；再通过数据、用户反馈等方式发现问题、解决问题。

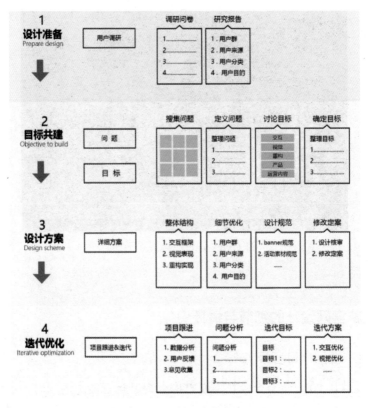

图 1-91　整体设计流程

1.5.3　基于用户研究构建设计目标

基于用户研究的构建设计目标如图 1-92 所示。

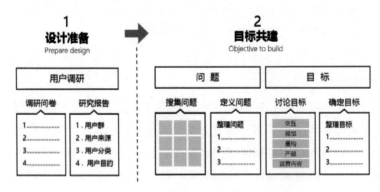

图 1-92　基于用户研究构建设计目标

前期的设计调研分析如图 1-93 所示。

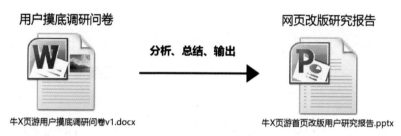

图 1-93　调研结果分析输出

研究中，把全投用户定义为新玩家，定投用户定义为老玩家。调查结果显示，新老玩家用官网的不同目的和行为结果如图 1-94 所示。

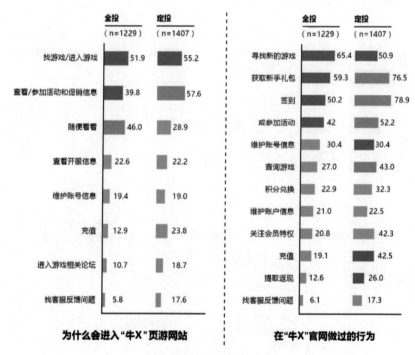

图 1-94　部分调研结果

数据显示：定投用户进入"牛 X"的目的为登录后进入游戏、了解游戏资料和活动信息。但全投用户为有目的地找游戏和无目的地随便看看。

全投用户进入"牛 X"官网的主要行为以寻找新游戏或者获取新手礼包为主，

而定投用户多以进入游戏、签到和找活动资讯为主。而定投用户会因充值、售后等因素持续进入。

调研中，用户对之前官网反馈问题和期望如图 1-95 所示。

图 1-95　用户的问题与期望池

归纳总结用户期望的官网如图 1-96 所示。

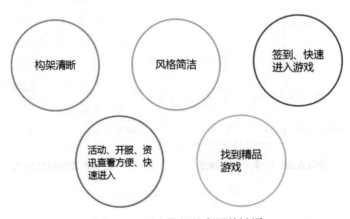

图 1-96　用户期望的官网关键词

通过用户调研，确认用户来官网的目标和行为，分析用户反馈问题和期望，经过讨论、梳理、总结，我们确定了官网的改版目标，如图 1-97 所示。

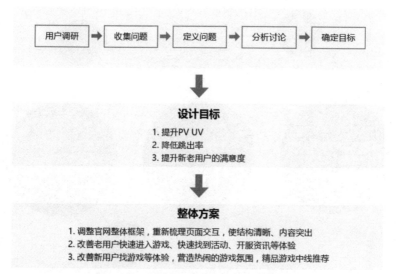

图 1-97　整体设计方案的方向推导

1.5.4　由设计目标确定设计方案

根据设计目标制定的方案如图 1-98 所示。

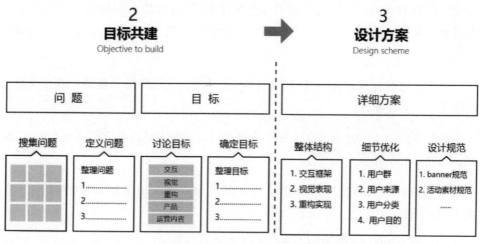

图 1-98　根据设计目标制定设计方案

达成一致的设计目标，设计师在交互、视觉、重构三方都做了努力，如图 1-99 所示。

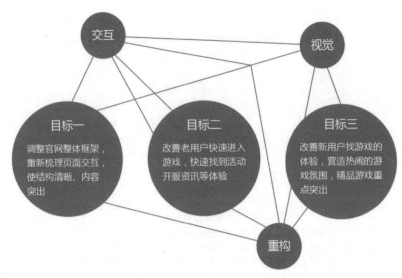

图 1-99　整体的设计目标

1. 整体结构的优化

（1）首页优化——结构简洁、视觉清新

著名建筑师弗兰克·盖里曾经说过："建筑设计应当抱有与科学研究相同的态度，即破旧立新，而不是对固有观念的重复。"此方法常运用到交互设计中，即打破原来设计框架的固定模式，重新进行梳理，使区域合理、脉络清晰、逻辑清楚。

对于官网的首页，我们提炼出的内容为导航、轮播广告、登录、新开区服、活动公告、游戏推荐。

交互界面中去掉冗余信息，精简为通栏结构，使视觉流由上到下更顺畅、清晰，如图 1-100 所示。

视觉方面，从凝重风格改成小清新的风格，更突出游戏宣传的内容，如图 1-101 所示。

（2）原"我的地盘"页升级为"个人中心"

为登录的老玩家找到归属感，让用户可在"个人中心"页查找到所有与个人相关的信息和资讯。将"个人中心"页扩展成新的模块：我的游戏、我的积分、我的奖品、我的消息。后期可扩展账号安全、管理我的地址等新模块，如

图 1-102 所示。

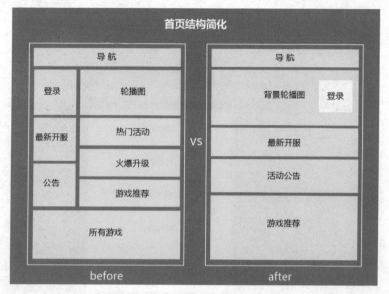

图 1-100 页结构简化前后对比

图 1-101 页整体风格前后对比

图 1-102　个人中心导航

（3）新增"游戏大厅"

原首页的"全部游戏"模块砍掉，成立单独的分页——"游戏大厅"。在"游戏大厅"首页只显示部分游戏，各个游戏的推荐模块中都有进入游戏大厅的入口。

随着平台游戏数量的增多，首页模块已经很难承载所有游戏的功能，故需另辟蹊径，即新增游戏大厅，并增加游戏的分类，使玩家找游戏更方便，如图1-103 所示。

（4）活动专区优化

活动专区采用了时间轴的交互方式，带有情感化设计元素，并优化体验。

（5）屏幕尺寸的响应式设计

根据显示器屏幕的大小，我们重构了两个尺寸的响应式设计：960px 和1200px（见图 1-104），以满足不同界面尺寸的需求。大尺寸用户界面可呈现更多的游戏和广告推广内容，同时使整个页面更大气，内容更丰富。

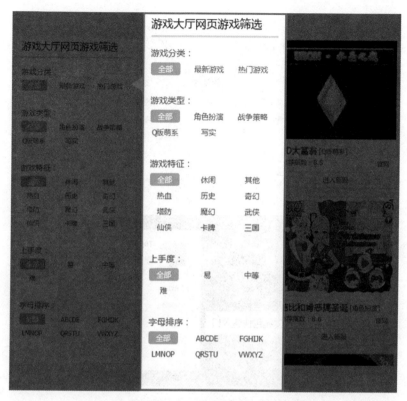

图 1-103　游戏大厅分类

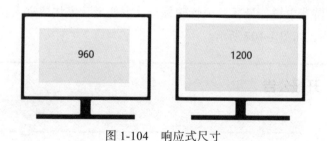

图 1-104　响应式尺寸

2. 优化老玩家的体验

围绕 3 点为老玩家体验优化的目标，我们进行了功能和细节的交互体验优化，如图 1-105 所示。

1）登录后，在首页的个人信息模块中增加活动、开服、礼包三个信息和快速查看入口，如图 1-106 所示。

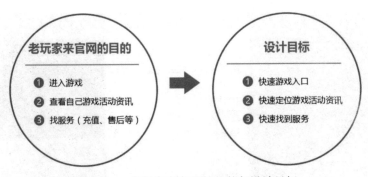

图 1-105　老玩家来官网的目的与设计目标

图 1-106　首页个人信息模块快速入口

2）我的游戏中增加最新开服特殊标记，方便老玩家快速进入自己玩过的游戏的新开区服，如图 1-107 所示。

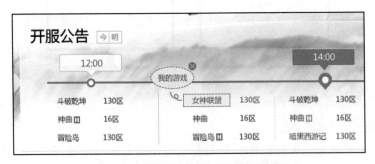

图 1-107　我的游戏最新开服特殊标记

3）在活动区域，对我的游戏、平台活动做了特殊标记，方便玩家快速找到可参与的活动，如图 1-108 所示。

图 1-108　活动特殊标记

4）"个人中心"是原"我的地盘"的升级，为登录的老玩家服务。在个人中心可以找到所有与个人相关的信息：我的游戏、我的积分、我的奖品、我的消息等，这在整体结构优化中已说明。

5）活动专区采用了时间轴交互的方式、情感化设计并优化了体验，如图 1-109 所示。

图 1-109　精彩活动时间轴设计

3. 优化新玩家体验

新玩家来官网的目的和设计目标如图 1-110 所示。

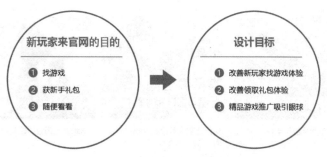

图 1-110　官网的目的与设计目标

1）新增搜索游戏和游戏大厅，方便新玩家快速查找游戏，如图 1-111 所示。

图 1-111　搜索

2）根据调研报告得到的用户强烈需求，在游戏筛选中增加了上手度难易的筛选项，满足新老玩家根据上手难易来筛选游戏，如图 1-112 所示。

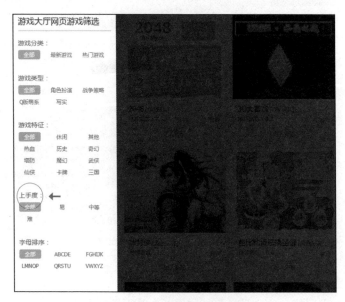

图 1-112　上手度难易的筛选

3）在游戏大厅中增加小型测试题，根据测试结果精准推荐给玩家合适的游戏，如图 1-113 所示。

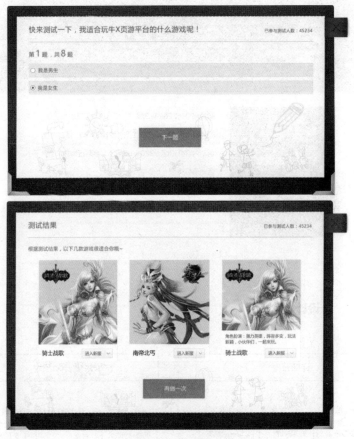

图 1-113　游戏测试题

4. 规范化设计

此外，我们对 Banner、活动素材也进行了规范化设计。规范化设计既可以减少制作成本，也可以控制页面的统一性，使广告能更好地融入内容。规范化设计示例如图 1-114 所示。

1.5.5　解决问题快速迭代

从设计方案到迭代优化的过程如图 1-115 所示。

图片尺寸：226×179px

图片显示内容：角色宣传图、游戏LOGO、活动内容

活动内容介绍区：226×80px（文字两行排版、上大下小）

活动角标类型：1.参与人数角标

2.平台活动角标

3.我的游戏角标

图 1-114　Banner 与卡片规范

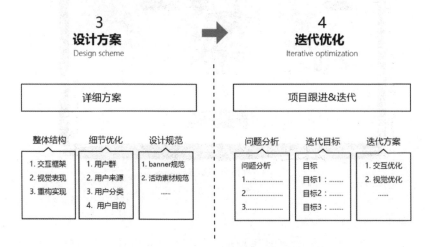

图 1-115　从设计方案到迭代优化

1. 优化目标

3.0 上线后用户体验有极大的提升，在上线后的一个星期，网站 PV、UV、IP 访问数都突破纪录，但也存在一些问题。根据数据结果和各方面的反馈意见，我们重新梳理了一下目前存在的所有问题。

针对首页热力图和点击率的数据分析，我们输出了两份报告：一份为 3.0 问题的分析、一份为 3.1 优化方案。

对首页整体与各个模块的问题进行分析并提出解决方案，进而规划了 3.1 首页的版本优化。

归纳出 3.0 版首页总体存在以下问题：

1）总体热力图的点击区域有些分散，出现第二屏推荐游戏的点击率反而比第一屏活动点击率更高的情况。

2）页面整体缺少一些灵动的表现力，整个页面游戏氛围不够活跃。

3）首页游戏推荐的内容需要再丰富一些。

4）很多游戏重复推荐，轮播图、本周推荐、热门游戏和顶部广告位、对联广告位推荐的游戏很多都是重复的，使整个页面有效推荐游戏的数量变少。

3.1 版优化的目标：

1）丰富游戏推荐的形式和内容，增加首页的点击区域和点击量。

2）增强游戏的氛围，使首页热闹、灵动起来。

2. 优化方案

如果说 3.0 版用心优化了用户体验，那么 3.1 版则是情感化设计的极致发挥。

3.0 版发布后获得了很多好评，但还存在一些问题，很多用户和项目组成员都给出了很多修改优化意见。

我们曾经为迅雷 7 下载做了极速版，为加速器的客户端做了极简版，为尊享版做了简洁版，这些改善都得到了用户的好评，但这些都属于客户端软件的设计定位，简洁、易用。可是，这里是一个游戏平台官网，属于娱乐性质的，内容的丰富和游戏的氛围尤其重要，否则用户就少了点击欲。

（1）激发玩家的情感——将游戏内的气氛带到页面中来

为了烘托游戏的氛围，把游戏里的内容展现到网页中来，让人在网页上就能感受到游戏内的活跃气氛和欢乐景象，可进行如下优化：发布玩家参与活动获得奖励的滚动公告、显示每个活动实时的参与人数、发布某玩家进入某游戏的滚动公告等，如图 1-116 所示。

图 1-116　游戏的氛围感

（2）设计的情感——音乐的灵感

3.1 版本带有创作音乐的元素。假设音乐的主旋律是轻松愉悦、年轻活泼的，音乐的前奏就会把人带入表达情感的氛围；高潮是让人留下深刻印象的部分，也许你忘记前奏，忘记了结尾，但让人难以忘怀的总是高潮部分的经典，闲时也可哼上两句。美好的音乐总有收尾，但不会唐突，会让人在意料之中，收尾的那句或许会绕几个音，延上好几拍。

顶部轮播图和今日开服列表融为一体，开服区域的轮播高斯模糊加渐变的效果使游戏氛围一下在首屏第一印象就改善很多，也不会让文字区域凌乱。开服区域右侧增加火爆区服推荐，使开服表现形式多样化，可将没有目的的玩家注意力拉到火爆区服上来，增加网页右侧的点击率。Banner 如图 1-117 所示。

将热闹的活动、滚动的公告和参与人数显示在首屏，可呈现出热闹的、玩家积极参与的景象，活动的奖励都展现出来会增加玩家的点击欲，如图 1-118 所示。

本周推荐中游戏的视频把首页推到了高潮，这突破了传统用图片和文字的表达形式。用视频播放的形式展现，更加生动和活跃。

图 1-117　Banner

图 1-118　卡片与滚动活动公告

图片表达胜过文字，视频表达更胜过图片。也许你会忘记了整个网页的设计，但在这个网页里播放过的游戏视频，相信一定会给你留下印象。

在所有同类游戏平台官网设计中，游戏推荐部分放置游戏视频，这是首创，如图 1-119 所示。

图 1-119　本周游戏推荐

首页底部慢慢平缓，从牛友推荐到更多类别游戏，展现形式多样、表达丰富。收尾是几个热门游戏的小轮播，和头部首尾呼应，如图 1-120 所示。

图 1-120　尾部

此外，首页把所有按钮的热区扩大为整个卡片，只要鼠标的光标在 hover 卡片的任意一处边缘，按钮即亮，也就是可以点击进入游戏，如图 1-121 所示。

图 1-121　热区扩大

经过后期的迭代优化，给新老玩家不一样的畅快体验。优化后首页融入了游戏的氛围和情感设计，无论是整体效果，还是细节，都给人焕然一新的感觉，如图 1-122 所示。

1.5.6　项目成果

1. 数据成果

官网上线前后 20 天对比，PV 均值提升 46%，UV 均值提升 16%，首页跳出率降低 5%。

图 1-122　3.0 首页整体效果预览图

2. 用户反馈

通过对官网 2.0 与 3.0 版的问卷调查，得出用户整体满意度由原来的 62% 提升至 80%，如图 1-123 所示。

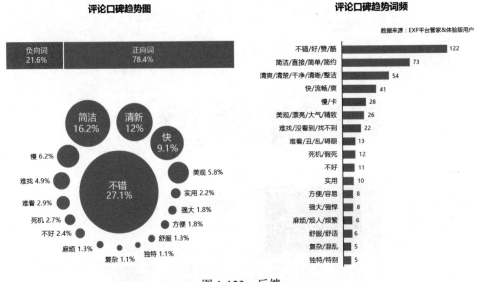

图 1-123　反馈

1.6　EDMS 方法体系总结

本章我们学习了关于 EDMS 体系的知识，并通过案例实践把体验设计的五个层级（战略层、范围层、结构层、框架层、表现层）从抽象到具体实践（设计准备、设计目标、设计方案、设计验证）逐步展现。由案例中所述最终效果我们可以看出，EMDS 方法体系对于我们设计团队的帮助是非常大的，除了对业务的帮助之外，也对我们专业能力提升起了非常大的促进作用。设计师在运用 EDMS 体系时会更关注数据、关注产品体验、关注业务目标，促使设计师主动去做沟通，一步步把产品体验做好，设计师的价值得到了最大化发挥。大家还可以根据自身产品和公司对 EDMS 体系进行调整和优化，把它变成自己团队的设计体系。体系并不是固定的，思路是开阔的，做好产品体验，从而提升业务价值，提升自我专业能力，是我们最终的目标。

第 2 章

运 营 设 计

2.1 互联网运营设计分类与特点

互联网公司里一般都有产品、运营、技术、设计、测试这几个岗位。我曾经问过运营同事一个问题："你们运营到底做什么？能不能简单概述一下？"那位同事很简单明了地回答说："运作与营收。"运作一个产品，对产品负有拉新、留存、促活的责任。拉新，为产品带来新用户或流量，通常用话题事件营销，或者通过微博、微信、SEO、SEM等手段去实现；留存，留住用户，让用户留下来真正去使用，关注数据方面的留存率，如次日留存率、七日留存率等；促活，让用户愿意频繁与你发生连接，通过数据分析用户喜好，抓住其痛点增加黏性，可以用等级设置、激励体系等提升长期活跃度。营收不言而喻，通过这些运作手段达到实现产品商业价值的目的。

互联网产品运营，大致可以分产品运营、活动运营、品牌运营、推广运营等几个类型。不同的维度，有不同的分类方法。

❏ 产品运营：根据公司的战略方向与产品潜在用户的具体需求，策划产品功能与玩法，并推动产品功能与玩法的落地实施，提升用户体验与产品价值，并监控产品数据，通过数据反馈迭代优化产品。

❏ **活动运营**：顾名思义，比如在双 11、双 12、京东的 618 等，都会看到铺天盖地的电商促销活动，迅雷也会在各种节日，比如会员周年庆、春节、双 11 等节日，策划设计很多运营活动，通过送礼促销等方式，给用户带来优惠与回馈，渲染节日氛围。

❏ **品牌运营**：品牌运营是指企业利用品牌这一最重要的无形资本，在塑造品牌形象的基础上，发挥品牌更大影响力，促进产品的生产经营，使品牌资产有形化，实现企业长期发展和企业价值增值。

❏ **推广运营**：通过微博、微信、设计话题、H5 页面对产品进行推广和传播，包括策划、选题、执行、推广等环节。优秀的运营必须掌握行业资讯和新闻热点，不断研究有效且新颖的运营手段与推广模式。

与互联网运营对应的设计可以分为产品运营设计、活动运营设计、品牌运营设计、推广运营设计等几个大类。

产品运营设计的目的是在有限的时间内，给用户最有价值的信息，从而实现商业转化。

2.1.1 产品运营设计

从产品的诞生到后期运营，是一个长期的、不断迭代优化的过程。第 1 章中提到的几个案例，包括迅雷 9、手机迅雷、迅雷会员官网等，都属于产品运营设计。产品运营设计有很多特点，比较重要的有以下三个：

1. 通过对产品的用户研究与数据分析不断优化产品设计

除了第 1 章中的案例，我们再举一个迅雷网游加速器官网设计的小案例，通过对用户的研究和对后台用户来源数据、搜索关键字的分析，针对不同的用户，呈现不同的页面。

（1）用户研究

用户从不了解到接触，再到熟悉一个互联网产品，通常会有一系列的角色转化。

迅雷网游加速器官网的用户角色有着图 2-1 所示的转化过程。

在角色转变过程包含的几个节点中，我们对用户属性、行为预期及设计目标进行分析，如图 2-2 所示。

图 2-1 用户角色转化

类型 A:	类型 B:	类型 C:
通过搜索引擎（精准搜索）或推广页等方式，准备选择一款或者确定是否下载并使用迅雷网游加速器	通过推广得知活动、礼包等优惠内容，或者在下载客户端后有进一步的需求	认可加速器会员及官网活动礼包体验，并且主动寻求会员价值
用户属性：	用户属性：	用户属性：
• 没有使用加速器客户端 • 不是会员	• 加速器客户端用户 • 只体验客户端加速的会员（免费加速开通后还会有免费会员）	• 加速器客户端用户 • 付费会员
用户的行为预期：	用户的行为预期：	用户的行为预期：
找到一款好的网游加速器（可能通过比较速度、价格、美观、资源占用等条件）	• 获得更完整的加速体验	• 参与 / 获得更多的会员活动 / 礼包 • 获得会员等级的成长
我们的设计目标：	我们的设计目标：	我们的设计目标：
• 用户下载客户端 • 为会员页导流	• 教育用户会员价值，鼓励消费 • 展示活动 / 礼包，鼓励消费	• 精准并清晰展示会员增值内容 • 通过成长体系增加用户黏性

图 2-2 用户研究

对于类型 A 的用户，最重要的信息就是客户端的介绍信息，以及一个明确的下载按钮。需要在首屏展现价值并鼓励用户下载。

而对于类型 B 和类型 C 的用户，网游加速器客户端的价值介绍及其下载入口意义不大。首屏应通过活动、礼包推广来展示会员价值，协助用户使用成长体系，帮助用户管理和使用会员功能。

（2）后台数据分析

根据迅雷网游加速器官网后台的数据统计，用户的访问来源如图 2-3 所示：来自搜索引擎的占了近一半，若加上外部链接的百度部分，已经过半。其余是活动页来源及直接访问，（直接访问一般是老用户输入网址或通过书签访问）。

而搜索关键词绝大多数都是精准搜索。排名前十的搜索关键词如图 2-4 所示。

搜索关键词的精准性说明来访用户对迅雷网游加速器已经有一定的了解，有着较强的下载需求或是准备参考比较。

结合前面的用户分析，针对用户类型 A 和用户类型 B、C，将加速器官网拆分成两个部分。

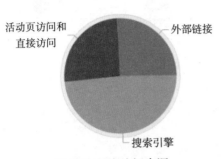

图 2-3　用户访问来源

图 2-4　用户搜索关键词

我们将 A 类用户定义为新用户，他们的行为预期是找到一款好的网游加速器，(可能通过比较速度、价格、美观、资源占用等条件)，我们设计了会员官网的前置页，如图 2-5 所示。

图 2-5　对类型 A 设计的官网前置页

前置页的设计使新用户搜索加速器到达的结果更符合预期，前置首页信息非常简单，展示加速器的产品形象及客户端下载信息，并给欲进一步了解的用户以不同的入口。

而对于类型 B 和类型 C 的老用户，客户端的价值及其下载入口意义不大。合理展示包括会员教育、活动展示、热门礼包等内容，让付费会员与未付费的免费体验的用户对消费后的体验有深刻且正面的预期，如图 2-6 所示。

根据前置官网热力图及点击率统计显示，客户端下载按钮 43% 的点击率证明了前置页和官网首页分离的成功。

图 2-6   为类型 B 和类型 C 设计的官网首页

2. 塑造符合"产品定位"的交互与视觉风格

"产品定位"这个概念是在 1972 年由阿尔·里斯与杰克·特鲁特提出并快速

普及的。定位并不是指产品本身，而是指产品要塑造一种在用户心目中的印象与用途。每个产品都有自己特定的属性和功能，产品定位不一样，目标人群就不一样，产品设计的气质也就不一样。设计要塑造符合产品定位的交互与视觉风格。Mac 迅雷 2.0 的风格如图 2-7 所示。

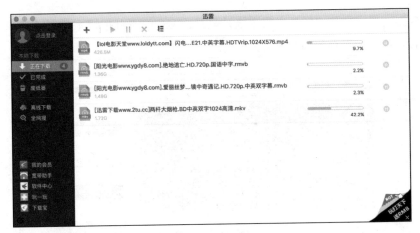

图 2-7　Mac 迅雷 2.0

Mac 迅雷 3.0 的产品定位由单一的下载工具转变为"找 + 下 + 看"一体的视频消费工具，向资源下载的上游和下游（资源发现和资源消费）探索。

结合产品定位，反观旧版本 Mac 迅雷 2.0 的不足：

1）左右导航结构对右侧内容的拓展有所限制。在尝试了多种方案之后，发现有限的客户端尺寸与较大的内容展示区域在空间比例上和视觉协调性上有着难以调和的矛盾。

2）左侧业务需求平铺，通过小红点等方式争夺流量入口，当业务的需求逐渐增多时，左侧导航也将会逐渐臃肿，核心功能和新的产品方向的功能难以得到合理强化。

3）交互和视觉的体验和格调上，不仅不符合 Mac OS 最新人机交互规范和视觉风格，也难以体现自己的特色和气质。

基于全新的产品定位以及 Mac 用户的操作习惯，设计的目标定位为优化下载核心功能以及资源发现的产品体验，合理突出核心和重点功能。我们从以下三个方面去塑造 Mac 迅雷的产品交互体验和视觉风格。

首先，导航结构上，我们最终确定了上下结构，设计上的考虑如下：

1）遵循 Mac OS 设计规范，Mac OS 原生应用如 App Store、Keynote 等都采用了简洁的上下导航结构，最大化突出内容展示区域，节省更多空间，使得内容更加聚焦，减少其他元素对内容的干扰。

2）简化层级结构，重新组织旧版本平铺式的导航结构，收起点击率不高的业务功能，使得核心功能和新功能得到合理的曝光。

优化后的 Mac 迅雷 3.0 应用页如图 2-8 所示。

图 2-8　Mac 迅雷 3.0 应用页

其次，在下载列表中也尝试使用卡片式设计，每一条下载任务包含了较多的操作，旧版本的通栏式列表设计导致了阅读信息和操作信息的分离，用户在管理下载任务时，视线焦点移动距离较长。所以改进的方向为通过卡片式设计使得信息模块化，一个卡片即一条下载任务，清晰明确，既避免了信息的散乱，减少了用户思考的时间，也可更好适配到不同尺寸的界面上，如图 2-9 所示。

最后，精选视频推荐页面是 3.0 大改版的重点探索功能。与市场上在线视频网站不同的是，迅雷 3.0 版本的定位不是让用户在海量的视频资源中挑选，而是通过强运营为用户每日只推荐一部精品电影和一个精选的周边短视频。设计上的关键问题是，如何为用户打造"每日一个"的精致和精选的交互视觉体验。我们从杂志设计中寻找灵感，打破常规的设计，突出极具视觉吸引力的电影海报，虚化的大背景使得界面色彩不再单调，滚动的电影短评既不占用界面空间，也能展示更多的内容，如图 2-10 所示。

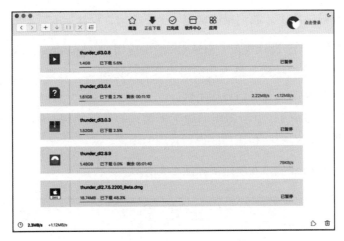

图 2-9　Mac 迅雷 3.0 正在下载页

图 2-10　Mac 迅雷 3.0 精选页

3. 探索用户诉求，用设计打造产品运营的引爆点

产品运营设计要解决用户的心理需求，在此前提下运用巧妙、有趣、好玩的设计形式与用户建立良好的互动。如迅雷酒窝直播中的动效设计，灵动的动画效果、精美的视觉画面其本质都是抓住了用户的心理，用更生动、好玩的动效与用户建立良好的互动，吸引用户的注意力。动效为产品运营设计提供了更大的展示舞台和想象空间，以其独特的魅力愉悦了我们的感官体验，让产品运营设计在动与静、虚与实中引发用户的兴趣，在不断的交互中让用户停留更长的时间，不断

回来以达到更好的商业价值。在后面的章节中，会详细阐述迅雷酒窝直播产品动效设计的一些技巧和方法。

2.1.2 活动运营设计

活动运营设计的特性是上线快、生命周期短、时效性强、版本迭代快。运营类活动主要是为了拉动用户转化率而策划的即时性活动，网络上所见到的大促、节日、福利方面的运营专题都属于这一分类。迅雷会员项目也会在节日里做一些活动运营，如中秋、国庆、开学季、双 11、圣诞、元旦等，活动多为促销，吸引用户开通或续费迅雷会员，如图 2-11 所示。

图 2-11 迅雷会员国庆、中秋活动运营设计页

拉新的活动运营设计页如图 2-12 所示。

图 2-12 迅雷会员首充拉新活动运营设计页

1. 色彩鲜明、浓烈

为了达到活动页面整体气氛，活动运营设计在用色上都比较大胆，色彩丰富、跳跃，视觉冲击力强，且多为暖色系，如图 2-13 所示。这样可以充分刺激用户眼球，以促使用户购买消费。

图 2-13　天猫双 11 活动推广 Banner 图设计

2. 设计形式感强、元素多

点、线、面的运用可以让设计形式千变万化，这种设计在活动运营设计里最为常见。常用到的构图版式有左右结构、发散状、自由式等，巧妙地对背景、产品、文字进行排版组合，营造活动的气氛，如图 2-14 所示。

通过实际案例可知，活动运营设计画面版式设计形式感强、灵活多样，通常采用左右、上下、发散、聚焦、大小对比等布局形式；运用丰富的颜色、设计元素来烘托出活动热闹的气氛；在文案字体的选择和设计方面也比较有吸引力，多精心设计处理过，并把促销信息突出、放大。

图 2-14　Banner 设计

从设计形式到画面气氛，从版式到色彩，品牌运营设计和活动运营设计在视觉表达上有明显的不同点。在保证信息有效传递的情况下，前者更强调整体统一感，而后者更强调气氛渲染。运营设计现在越来越注重个性、趣味性以及视觉冲击力，页面的形式和技巧也是多种多样。

2.1.3　品牌运营设计

品牌运营设计适合做较长周期的宣传，以带动品牌影响力、包装企业形象、彰显企业的专业和实力、加深用户对公司产品的信赖感。在互联网公司，网页、广告 Banner 图、flash 广告等都成为品牌宣传的载体。

迅雷影音的品牌轮播图，如图 2-15 所示。

手机迅雷的品牌轮播图如图 2-16 所示。

图 2-15　迅雷影音品牌轮播图　　　　图 2-16　手机迅雷品牌轮播图

1. 大图背景的使用

迅雷 9 品牌页采用整屏大图设计，给人一种在观看 Imax 大屏电影的感觉，目的是模拟真实的效果，让观众身临其境。就像最初的美术来自于对现实的模拟一样，这种拟真的设计至今仍然适用。这样的网页设计多以全屏式的大幅图像和视频为主，以一种简单却有效的方式迅速把观众带入它所设定的情境之中。如图 2-17 所示的迅雷 9 品牌官网，就是典型代表。

同类的例子还有 Campos coffee 品牌官网（见图 2-18）等。

图 2-17　迅雷 9 品牌官网　　　　　图 2-18　Campos coffee 品牌官网

2. 主题信息字体放大

首屏都被大篇幅的背景图覆盖，那么怎么样才能突出主题信息，避开配图的干扰呢？运用对比强烈的大背景和具有冲击力的字体标题进行设计排版，就可以让视觉更聚焦，更好地突出重点信息，这也是目前网站设计的一个大趋势，如图 2-19 所示。

图 2-19   具有冲击力字体设计的网页

3. 品牌延续设计

一个品牌在建立时就应注意自身视觉特点，从颜色、图形图像到 VI 规范使用等均应如此。品牌运营设计也自然需要在传播中延续这些特点，要求保持品牌的统一性。黑、金两色是迅雷超级会员的品牌色，迅雷超级会员在品牌运营设计中一直坚持在视觉颜色上的统一，从页面到周边产品的设计，再到产品端的身份图标展现，都保持品牌的延续设计，如图 2-20 ～图 2-22 所示。

图 2-20   迅雷超级会员品牌 LOGO

图 2-21   迅雷超级会员嘉年华品牌运营设计页面

图 2-22   迅雷超级会员 - 手机壳周边设计

品牌运营设计大多画面设计聚焦，主体突出；颜色简单；文案信息较少，字体较大；版式结构简单，常采用左右、上下、发散、聚焦、对比等布局形式。可见在品牌运营设计当中，设计元素的使用简单，信息表达直接，注重设计整体的品牌感。

2.1.4　推广运营设计

新产品或者运用产品中的一个新功能或一个活动为了让更多的用户知晓和使用，就要在各种载体上进行推广。比如迅雷要推广全新的超级会员特权，可以在迅雷客户端产品、迅雷移动端产品，还有迅雷的官网或制作 H5 让用户在第三方产品（比如微信朋友圈上）进行推广。为了提高推广内容的点击率、转化率与传播率，推广运营的设计在不同载体上会有不同的设计风格和特点。

1. 高点击率的推广运营设计匹配投放渠道本身风格

迅雷 9 客户端弹窗广告有三种样式：第一种样式为彩色美女样式的图片加按钮样式（见图 2-23），第二种样式为简洁的系统消息类型的弹窗（见图 2-24），第三种样式为色彩鲜丽的拟物化的推广样式（见图 2-25）。三种广告内容都是类似的，都是领取迅雷会员，但是效果有很大的差别。通过广告流量系统后台数据可知，在广告内容一个类型的情况下，设计样式上更接近软件本身风格的消息类弹窗样式的广告点击率相对较高，中间的接近软件本身风格样式的广告点击率最高。试想，如果同样的推广内容，在美女直播的平台上，是否第一种方式推广效果更好？在迅雷官网上，第三种华丽的拟物化的推广样式的设计方案效果是否更好呢？

图 2-23　美女素材推广样式

图 2-24　系统消息类型推广样式

图 2-25　拟物化的推广样式

经过很多案例的总结和分析，我们认为推广运营设计匹配投放渠道本身风格的设计一般点击率会相对较高。

2. 高传播率的推广运营设计，需抓住用户分享的心理

H5 是一种很常见的推广运营设计形式，成功的 H5 会让用户有分享和传播的冲动，共同的特点都是抓住了用户或是标榜自己，或是利他，或是自我价值实现。

那么什么样的内容才能引起分享？哪几种 H5 类型受人欢迎？如何将目标用户所需要的东西呈现在他们眼前等？在后面我们会详细介绍。

2.2　运营设计步骤解析

作为设计师，怎样才能设计出吸引用户眼球、点击转化高且能高度还原运营目标的页面呢？如何定位设计风格？如何布局内容、呈现信息？如何配色……其实运营设计可以通过一套行之有效的流程方法帮助我们达到目标。运营设计的全流程分为需求分析、筛选分解、设计方案、验收与总结四个步骤，如图 2-26所示。

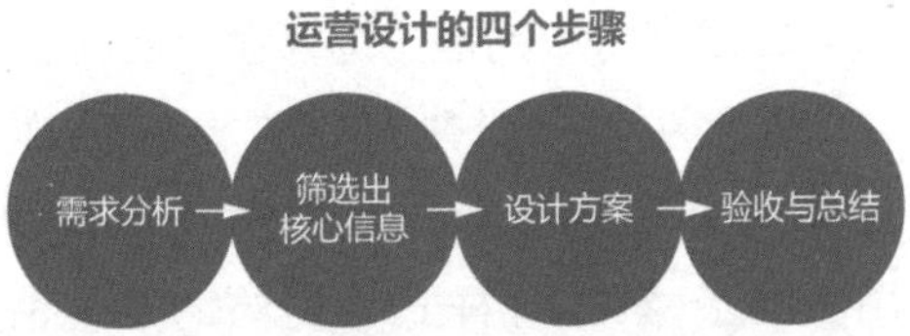

图 2-26　运营设计的四个步骤

2.2.1　需求分析

首先需要了解运营设计的方向和目标。所谓方向是指运营设计按照上文所述分为产品运营、活动运营、品牌运营、推广运营。活动运营又可以细分为日常运营、热门话题运营、节假日主题运营、专题运营等，而不同类型的运营各自的特点又决定了其设计上的差异，因此运营设计用于满足哪一类需求这个大方向就决定了页面的整体风格、布局以及视觉设计中的色彩、字体、素材等；所谓目标是明确运营的目的和预期，在其较短的生命周期内，准确、快速地将明确的目的传递给用户，做到设计目标与运营目标高度一致。例如同一个活动的预热页面和正式推送页面在不同阶段的目标不一样，预期传递给用户的信息也不一样，也就决定了信息层次结构和排版的方式有所不同。

超级会员作为打造的一个全新至尊会员类型，在预热页面中营造了一定的神秘感，大篇幅的页面只突出尊贵感和时间信息，给用户强烈的视觉冲击力和信息聚焦，减少其他细节信息对页面的干扰，如图 2-27 所示。

而正式上线的页面（见图 2-28），除了保留和继承了预热页的视觉风格和元素

之外，将名称、特权、金额，按钮等更多信息融入页面中，并调整了视觉焦点，将

原本聚焦的超级会员形象右
移，将视觉焦点转为业务介绍
和开通引导。

　　其次明确目标用户群。例
如活动运营中目标可以细分为
拉新、回流等。拉新的主要用
户群是非会员用户和新用户；
回流的主要用户群是已过期或
者快过期的老用户。那么在拉

图 2-27　超级会员上线前预热页

新的页面设计中，主题内容突出打折、特权或页面的互动性和娱乐性，吸引用户
参与，视觉风格大多热情有活力，目的是让用户了解会员的优势并用强烈的视觉
氛围刺激用户的购买欲望，如图 2-29 所示；而在回流的页面设计中，则尝试突出
情感化，设计风格可以温馨煽情，目的是调动老用户的活跃度，唤起用户在使用
过程中的良好感受，给用户以情感带入，如图 2-30 所示。

图 2-28　超级会员上线正式页

图 2-29　刺激新用户开通活动页

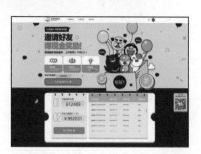

图 2-30　调动老用户活跃度活动页

2.2.2 筛选分解

将核心内容筛选出来，明确第一屏的页面内容和视觉焦点是筛选分解环节的重要工作内容。页面中承载的信息很多，需要将这些内容重新组织，再次回顾设计目标和用户群，以前期的目标导向为基础，排列出信息的优先级和重要性，把最有价值的信息传达给用户，用设计建立起产品与用户良好的关系，创造恰到好处的吸引力，平衡用户的情感，控制注意力。

例如在进行春节抢红包活动的运营设计需求时，活动的信息量非常大，活动流程包含抢红包、拆红包、红包兑换三个环节，每个环节中又包含多个玩法：普通红包、豪华红包、待拆红包、红包金额、红包兑换iPhone7、好友解锁、兑换攻略、兑换用户榜、红包提现等。在着手开始设计前，需要将这些信息的层级关系、优先级全部梳理清楚（见图2-31），才能在页面中合理清晰布局，最终明确地将信息传递给用户。在第一屏的有限空间内，需要承载最核心的内容——活动标题和抢红包。

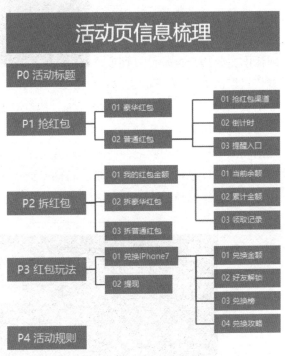

图 2-31　春节抢红包活动页信息梳理

梳理好信息逻辑和重要性之后，页面布局按照信息的层级逐一进行展现，视觉设计的模块和分布也清晰了很多，最终视觉效果如图 2-32 所示。

2.2.3 设计方案

在设计需求到达设计师手中时，设计师的创意灵感并不会像洪水一样涌来，灵感的来源在于日常的积累，所见所闻及所想。每个设计师都有自己的设计灵感库，着手设计前翻阅大量相匹配的设计风格和布局进行参考，可以提升设计效率，运营设计亦是如此。在做好了素材的收集和准备后，设计的过程可以分为三个步骤，下面以迅雷运营策划的超级会员和新英体育的合作项目（观看足球直播）为例来看一下。

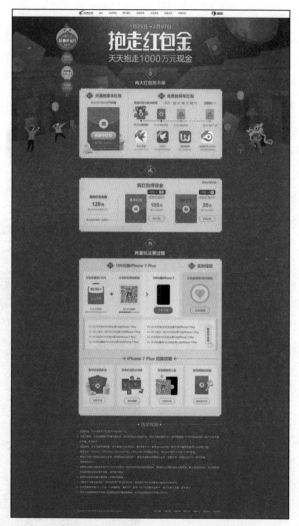

图 2-32　春节抢红包活动页视觉效果图

1. 定义页面风格

此次活动的两个关键词是"超级会员"和"踢足球"，所以既要表现出超级会员的尊贵与荣耀，又要体现出踢足球的动感与健美，这两者的碰撞会形成一种尊贵、动感、炫酷的氛围。所以在视觉表现方面想要打破网络上普遍存在的关于足

101

球页面的形式，并且要紧跟设计趋势，故我们最终决定使用扁平和实景素材结合的手法来定义此次页面的视觉风格。

2. 选取配色方案

超级会员的品牌色是黑与金，足球类型的主色调是绿茵场的绿色，所以页面的背景颜色使用黑和绿来配合完成。黑色属于百搭色，与很多颜色搭配都会形成各自不同的基调，尤其和黄色、绿色在一起属于常见的固定搭配。Button 及可点击的文字链颜色统一用亮黄色来区分。红色是"新英体育"的品牌色，故加入了一点点红色来提升合作方的品牌感。如图 2-33 所示，此页面的配色就出来了，并且要擅于利用颜色明暗度和相近色做主次、突出和弱化。

图 2-33　要配色来源

3. 内容排版，丰富画面、点缀气氛（质感、纹理、素材）

最后对页面中需要展现给用户的信息和内容进行梳理和布局，方法可参考2.2.2 节中介绍的信息优先级和重要性划分。在页面中点缀相关的线条和规则的几何图形，比如圆形是来自足球的属性，斜线既有动感的特色又和超级会员的 LOGO 图形的形式相呼应，菱形是背景中斜线与面叠加产生的图形，再加上标题"免费看英超"的字体设计，它们互为旋律演奏出页面的动感和形式。其中在 Banner 背景中使用了踢足球的现场素材来点题"足球直播"，这样就形成了页面的统一性。这种设计打破了目前普遍存在的足球活动页面的传统设计风格。最终效果如图 2-34 所示。

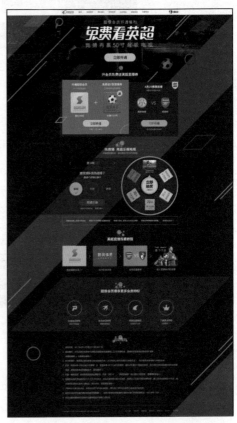

图 2-34　看英超活动页效果图

2.2.4 验收与总结

在设计交付前端或开发后，设计实现还原验收的环节也非常重要。在产品发布前，需要有设计走查的环节（见图 2-35），将页面中的问题梳理描述出来，进行进一步优化，以保证设计效果最终实现落地。

序号	问题描述	问题定位	解决方案	备注
		上线前走查文档		
1	列表title：数字的单位不放在title上，放在下面数字后面		待开发评估	
2	红包可用需判断，没有红包时隐藏	0.12%	增加逻辑	
3	"平台福利" title改成"迅雷福利"		替换	

图 2-35 产品上线前走查文档

在上线发布后，设计师的任务并没有最终完成，还要持续跟进产品和页面数据反馈，了解设计的效果和有效性，关注关键设计点的数据表现在页面中是否有达到预期的效果和作用，并进行一次总结，挖掘设计中的优点和不足，为下一次的设计做沉淀。

例如：会员开放日的活动页上线后，跟进数据反馈发现第一屏内两个按钮分流严重，用户选择不聚焦，导致转化率较低，因而快速响应，将首屏内容聚焦为一个，支付数据有了明显提升。在后续的活动页设计中也尽量避免在第一屏有两个主次相当的按钮，或者区分主次。优化前后分别如图 2-36 和图 2-37 所示。

图 2-36 动页上线后跟进持续优化
（优化前）

图 2-37 上线后跟进持续优化
（优化后）

通过前面的介绍，我们了解了运营设计的分类及特点，也知道了运营设计的大体步骤，本章接下来的几个小节将会举一些实战案例，来详细讲解：产品运营设计中动效的设计技巧及运用到具体项目中的方法，活动运营页的设计有哪些方法、步骤和关键元素的设计点，迅雷超级会员的品牌运营设计的详细过程是什么样的，如何将品牌设计直入人心，以及推广设计中要想提高 H5 转化与传播率应做哪些分析和思考。

2.3　动静有常相映成趣——酒窝直播产品运营设计中动画的运用

轻舟短棹西湖好，绿水逶迤，芳草长堤，隐隐笙歌处处随。

——《采桑子》欧阳修

古典诗歌中常常使用动静结合的艺术表现手法，动与静巧妙结合，使诗歌平添了不少情趣，为我们创造了一个妙趣横生的艺术世界。那么在运营设计中灵动的动画效果、精美的视觉画面是否可以更加有趣好玩地与用户建立良好的互动，吸引用户的注意力？答案肯定是毋庸置疑的。作为其中最让人印象深刻、传播效果最好的载体，动效为运营设计提供了更大的展示舞台和想象空间。动效以其独特的魅力愉悦了我们的感官体验，让运营设计在动与静、虚与实中引发用户的兴趣，在不断地交互中让用户停留更长的时间，不断回来以实现更好的商业价值。

运营设计首先要解决用户的基本需求，在此前提下运用更加有趣、好玩的设计以求与用户建立良好的互动，吸引用户的注意力。动效设计就承担起了有趣好玩的任务。当然动效设计的理念传达和项目核心用户情景是分不开的，接下来以酒窝直播项目运营设计为例，为大家详细讲解一下动效在里面的应用。

2.3.1　项目背景

如果说 2013 年是互联网金融元年，2014 年是智能硬件元年，2015 年是互联网＋元年的话，那么 2016 年无疑是视频直播元年。直播之所以火爆，是因为其满足了人的两大需求：意识荷尔蒙的需求和自我表现的需求。前者是生理需求，后者是社会需求，这两个点是直播经济的核心驱动力。视频直播相比于文字、表情和录播视频而言，交互性更强，社交效率更高，更具真实感、实时性，迎合了用户的心理诉求，让内心孤独的人得到一定的心理满足。

根据直播内容的不同，我们将直播行业分为三类：秀场类、游戏类、泛娱乐类。迅雷会员依托迅雷用户群与秀场类直播先天契合的优势，推出了直播产品——酒窝。

这是一个全民互动的时代，对于酒窝直播而言我们从增强内容的实时性、互动性及商业变现能力出发。营造主播与用户、用户与用户之间的互动氛围成为直播的关键。那如何去营造直播间的气氛使用户产生足够的冲动从而达成转化和留存？我们对用户在直播间体验的关键路径上的各个点做了探索分析，并进行大胆尝试，运用大量的动效设计增强灵动感和趣味感，从而营造一个多元化的秀场直播氛围，强化产品的情感化表达，进一步提高体验的转化。

2.3.2 礼物打赏特效

"打赏"是直播互动的初级方式也是目前直播的主要盈利方式。在直播过程中，用户如果喜欢主播的表现，可以通过平台充值购买虚拟礼物并送给主播，博得主播的开心。送礼物是通过符号化的方式表达用户的情感、想法，赠送礼物的行为主要可以满足用户认可感、社交、荣誉、浪漫4种心理动机。

在礼物体系当中，礼物的价格从几毛到上千不等。礼物道具设计精美与否，直接影响用户送礼的兴致，因此我们在礼物的外形上需要体现出品质感，构图要尽量饱满。不同价格的礼物，在细节的处理上和内容上要有所区分，应适当夸大礼物的质感，让用户心甘情愿的为虚拟物品买单，如图2-38所示。

当用户对心仪的主播赠送礼物时，动效就成为一种很重要的反馈途径。在礼物的动效上我们运用了多元化的展示方式，让用户在刷礼物的过程中得到更好体验。比如，所有的礼物当用户在连续点击赠送按钮时，聊天区域均会出现不断刷新数量的流光特效（见图2-39），主播会呼唤用户名字表示感

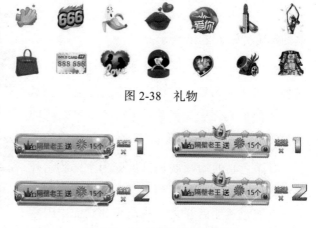

图 2-38　礼物

图 2-39　连送礼物的流光动效

谢，这样会让用户同时在触觉、视觉、声觉三方面得到快感；我们在赠送按钮旁边设计了手动输入赠送数值，还设定了99（长长久久）、520（我爱你）、1314（一生一世）等一系列的特殊数值，以满足用户在送礼物时触发特殊数值动效，进而

达到促使用户多刷礼物的目的。我们在特殊数值的动效处理方式上，将单个礼物作为粒子单位，使其分散进入画面并联合摆出不同造型（见图2-40），根据礼物数量的不同动画时长也做了区别。对数值动效模板化，可以方便之后的内容拓展。

连送流光特效和特殊数值特效既可以满足普通用户刷礼物的快感，也能满足土豪一掷千金的心理。

图2-40　数值动效

当然对于价格高的礼物，我们会有单个全屏动效展示，而且送礼人的名字会在直播画面以跑马灯的形式出现，强制其他用户围观，让用户觉得这个钱花得很值得。那接下来我们拿海洋之心的创作过程给大家做一下分析，总体的设计过程如图2-41所示。

提到海洋之心我们可能会想到电影《泰坦尼克号》那个发生在海上罗丝和杰克凄美的爱情故事，所以宝石、爱情、海洋就成为海洋之心的关键词。我们在绘制礼物的过程时用桃心为基本的外形，颜色选择深邃的蓝色，同时采用透明钻石的质感，圆润精致、绚丽夺目，充分显示礼物具有的神秘、高贵、华丽的特质，如图2-42所示。

图2-41　海洋之心创作过程

图2-42　海洋之心

确认外形之后，在全屏动画的处理上我们选择了海洋为场景，将稀世珍宝海洋之心深藏于深海的贝壳之中，海草、贝壳、成群结队的鱼为元素背景点缀，如图2-43所示。

海洋之心的动画展现以贝壳为主体物。外界给予的神奇能量聚集到贝壳中，贝壳瞬间打开，深蓝色透明海洋之心在出现的画面中闪耀着灼灼光辉，海鱼的游动、水草的浮动、上升

图2-43　构思

的气泡烘托出了海底世界的神奇美妙，如图2-44所示。将礼物进行故事化的设计，增强用户的代入感，让我们的客户乐意花钱买礼物。

贝壳打开展示礼物这个运动过程我们并不陌生（见图2-45），那我们把这个

知识点拓展一点：物体运动时所通过的路径称为运动轨迹（见图 2-46），没有规律性的运动轨迹会使运动失去连续性，变得生硬，不自然。动画中贝壳打开的运动轨迹是以贝壳根部为中心、以贝壳长度为半径的弧线运动。画动画时，要了解物体运动的规律，并把它运用到正确的运动轨迹上，不要让物体的大小、形状发生畸变，那样的话就画不出正确的运动轨迹了。

图 2-44　海洋之心动效

图 2-45　展开过程

除了常规的礼物，我们还设计了不同主题的活动，小游戏等以求带给主播和用户新鲜感，同时可制造话题。具体做法：根据当下的热点、节假日等来策划和设计，营造不同的情景氛围，满足多元化的诉求，通过完成任务游戏等互动行为，形成连接用户—互动—内容—消费行为的闭环。在特定活动中当用户完成某个阶段性的任务时给予适当的奖励。比如在恒星大作战的活动中，会有阶段性任务和终极任务，每集满一个星球所需要的积分，则得到相应特权或礼物奖励并会出现爆球的动效，这样的策略可以在这种长线的活动中增加趣味性和互动性，避免用户在做活动任务的过程中感到枯燥、单调，或因频繁送礼对特效产生视觉疲劳。通过即时、直接、互动的活动延伸用户的活动参与感，充分满足了用户的虚荣心。通过主播和用户进行实时互动，可提升直播的趣味性和场景覆盖，这也是这类活动的目的。

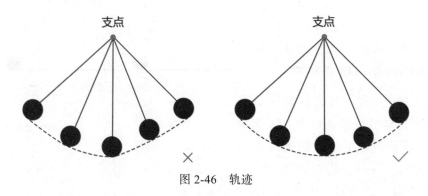

图 2-46　轨迹

恒星爆球的动效如图 2-47 所示。

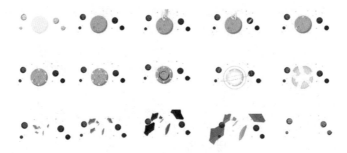

图 2-47　爆球动效

爆球动效发生的场景在太空，视觉的中心在恒星上，我们运用黄色加强恒星视觉的重点位置，旁边由其他恒星点缀，空间上做了近大远小的处理。当球介绍光束能量爆炸，恒星碎片由远及近展现在用户眼前，空间感得到强化，使用户有身临其境的感觉。

下面我们取其中的某一个动效的片段来分析：当恒星受外力时，会如何反应？对于恒星的材质，这个可能要科学家才能做出正确解释，我们在这把它看成一个坚硬的固体。当接收到外界光效的瞬间恒星由于受到巨大光效往下的力，球体往下移动，当光效不再给球体时，因其他行星、行星的牵引力形成反作用力回到最初状态。我们在动画中常常会看到挤压和伸长的效果，这里恒星处于悬浮的状态，没有其他的物体与之接触，那就不可能发生被挤压的力。

有些物体在运动中，由于力的作用会产生变形，我们大致将这种变形分为压缩和伸长。在现实生活中就存在这样的现象，但与现实相比，在动画表现上应更加夸张以达到趣味生动的效果。我们以弹球为例，分析压缩与伸长的运用，如图 2-48 所示。

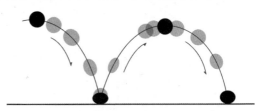

图 2-48　压缩与伸长

反弹分下落、撞击、上升三个过程，球的运动轨迹为"抛物线"。反弹时，下落为加速，上升为减速，在球撞击地面时，被挤压变扁，这就是"压缩"，如图 2-49 所示。

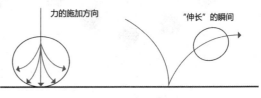

图 2-49　弹球运动分析

　　物体的运动由环境、物体（材质、形状、重力）、方向、速度这些要素交织决定的。我们只有充分考虑这些要素才能画出更好的动画。

2.3.3　座驾入场特效

　　在酒窝直播中按照会员的级别会有不同档次的座驾入场效果。在汽车入场动画的设计中，对于汽车入场的速度分配我们做了这样的处理：在进场时，确保汽车处于最大速率。这样的运动效果会显得非常自然，因为物体在进场前便开始了运动，而不是进场时才开始运动。入场后在画面中做 3 ～ 5 秒的停留，目的是引起用户的围观。出场时，则是汽车从启动开始，然后加速出场。

　　物体运动时，其速度并不一定总是相同的，车辆开始运动时很慢，车是逐渐提速的，中途最快，停车时由于惯性的作用车得逐渐减速，最后完全停下来，如图 2-50 所示。灵活的加速、温和的减速，这样的动效让用户感到自然且愉悦。在画动画时，我们要根据实际情况进行加速或减速的调节，不能随意画。

2.3.4　趣味功能点动效

　　用户在直播间聊天、起哄、争奇斗艳时，聊天表情可增加表达的趣味性，更能丰富情感的传达。在酒窝我们以猫为原型，制作了一系列最常用的表情，从而活跃直播场景的互动，让直播的过程惊喜不断，如图 2-51 所示。

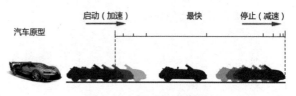

图 2-50　运动速度分配

图 2-51　聊天表情

　　虽然我们的产品、交互、设计等人员都在努力地把产品打造得更加优秀，但是总会因为一些无法避免的问题或者 BUG 等造成我们的产品体验感下降，这时适当增加一些动效可以弥补出现问题时的不适体验，比如让等待变得愉快。面对等待，我们总是缺少耐心。一个有趣的 loading 可减少用户烦躁感，让等待变成愉悦的消遣。图 2-52 所示是酒窝充值优惠活动的 loading，我们运用小猫追赶钱币的小镜头表达优惠马上就要到手的含义，让用户可以在等待中得到视线停留的享受。这些趣味的动效应用能让人眼前一亮。与静态的图片相比，动态图好比画龙点睛的一笔，为运营设计增加诸多趣味。

上述 loading 涉及跑步的设计。跑步是日常生活中经常看到的动作，像走路一样，跑步的动作要自然，这需要正确理解这种运动方式，如图 2-53 所示。

图 2-52　充值优惠活动的 loading

与走路最大的不同点在于，跑步有双脚完全离开地面，也就是腾空的动作。那么跑步为什么有腾空的动作呢？这是因为跑步比走路有更强的推动力。比如图 2-53 所示，为了完成 C 使劲蹬踏地面的动作，在其之前，需要有积蓄力量的动作，也就是 B 的动作，腾空前后是 A 和 E 的动作。上述

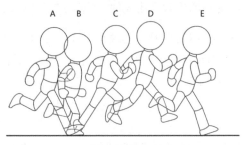

图 2-53　跑步过程

这些画面就构成了跑步的过程。跑步中，推进力产生强烈蹬踏地面的动作，就是 C，这个动作在跑步动作中是非常重要的。

2.3.5　沉淀和总结

小小的直播间里承载了上百种动效，通过动效的运用使得酒窝的直播间热闹非凡，高效的反馈、流畅的过渡，带给用户更愉悦的体验，也更细腻地表达了直播的情绪和气质，提高了用户的留存。多元化的互动方式促进了用户充值，实现了更好的商业价值。

动效设计是小伎俩，但是它在用户体验设计中的作用是不可估量的。在运营类的设计中，动画的应用可以是微妙的界面转场，也可以是开门见山、清晰直观的礼物展示。动画效果让事物具有了生命力。但我们同时要探讨一个重要的问题：什么时候才能使用它们？动画可能是非常讨巧的设计手段，它有用，但并非适用于每一个运营设计项目。使用动画最重要的标准是一定要服从用户体验。视觉的传达方式是多样的，不论用什么样的外皮去装裱它，让用户在有限的时间内感受到设计师营造的氛围，获得最有价值的信息从而实现转化，才是最终目的。

2.4 WEB DESIGN 吸睛有道——一些方法教你玩转活动运营设计

2.4.1 运营活动页设计的五个关键点

网站的活动设计应该算是网页视觉设计师的必修课，应该也算是基本功。它所需要的设计理论都是最基本的，但同时也是最重要的。设计理论版本多如牛毛，这里仅仅整理几个方面来分析网页活动设计的一些方法。

设计理论每人都或多或少知道一些。每个网站针对的用户都不同，在了解自己所针对的用户特性之后，我们做设计就会更有针对性，作品的创意也会更贴近用户情景。在这里我会分五个方面来分析运营活动页设计。

1. 版式设计

版式设计应该算是最基本的设计，这个解释起来比较简单，说到底就是对于文字内容和配图之间关系进行把控，不过想要运用得好还是需要下很多工夫的。严谨的版式设计更适用于官网或文字居多的产品介绍页等；活泼、轻松的版式则更适用于日常营收类活动页。

版式设计首先是文字平衡设计，文字、图像等要素在空间上分布基本是均匀的，明智和有条理地使用字体是非常重要的。虽然有成千上万的字体，但你真的能用的只是一小部分（要想用更多，至少要等到主要的浏览器完全支持 CSS3）。所以请大家坚持使用网页安全字体。目前的主流网页用得较多的两种字体是中文雅黑和英文 arial，如图 2-54 所示。

我是雅黑
i am arial

图 2-54　我是雅黑

中文雅黑和 arial 称为无衬线字体，它们具有没有边角的修饰、看起来很整齐光滑、没有毛刺等特点。比较适合用在网页中，让浏览者获取大量的文字信息而不会疲劳。在开始网页排版时，需要考虑你的用户的实际使用习惯。同一个网页，在笔记本上和在手机上使用时，字体大小就不应该相同，因为电脑屏幕大且分辨率高，而且视距通常比较近而且固定；手机等屏幕小且分辨率较低，应保持字体的一致性，但标题和段落的内容看起来要有所不同。使用空白，调整行高、字体大小和字母间距属性，可使用户轻松愉快地阅读内容，这就是文字平衡。

行距是影响易读性非常重要的因素，过宽的行距会让文字失去延续性，影响阅读；而行距过窄，则容易出现跳行，如图 2-55 所示。

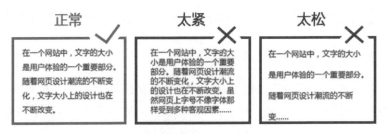

图 2-55　行距影响阅读示意

　　例如，图 2-56 所示页面是来自日本关于肯德基新品推广的活动页，整个页面看起来更像是一个三折页被打开平铺在网站里。不过页面里设计师对于主标题、内容和配图的排版做得恰到好处，中间用近似配图的颜色隔开了，从而使整个页面显得更有节奏感。整个设计用了 KFC 的标准红来贯穿页面，用户在全屏观看的时候也不会觉得凌散。

图 2-56　关于 KFC 的页面设计

在网页布局上要做到疏密有度，即平常所说的"密不透风，疏可跑马"。不要让整个网页都是一种样式，要适当进行留白、运用空格，以及改变行间距、字间距等制造一些变化的效果。除了物品大小的对比关系外，还可以运用近大远小的对比关系。大小的对比可以产生视觉落差。人们的视线很容易先被大的或密集的物体的吸引。某种程度上，密集的物体等同于大的物体。

视觉落差会产生动态，也就是说，你先看到网页上的大物体后，视线才转移到其他位置，故大的物体就是画面的重心了。留白也不是刻意留白，高明的留白要非常自然，好像现实生活中本来就是那个样子的，从而使页面内容不突兀，很和谐，如图 2-57 和图 2-58 所示。

图 2-57　页中的排版运用（一）

2. 色彩设计

这里的色彩设计并不是对色彩理论的解释，也不是对色彩感觉的解释。这里只说三个色彩设计原则：色彩对比、色彩范围的大小与形状、色彩位置。这三种原

图 2-58　页中的排版运用（二）

则用在网页上的例子很多。当然，色彩设计原则还有色彩的互补色、对比色、色差、色温等等。大家可以上网搜索相关的教程或者买基本色彩搭配的书籍看看。

图 2-59 所示是韩国某棒球游戏的活动页，页面中用了大面积的黄、深灰对比，不仅能让画面有足够的视觉冲击力，还能很好地区分阅读区域。

图 2-59　页中的色彩运用

图 2-59 （续）

图 2-60 所示是一个介绍某本书籍的网页。因为书籍本身就是以紫色、橙色为主，所以设计师在设计这个页面时用了大面积的橙黄亮色再配上互补的紫色，使得画面具有极强的视觉冲击。这种风格其实跟上面说的版式设计有点像，因为设计中已经用了大面积的高对比的颜色，所以在配图和字体上可能要求就相对弱一点，不然都是重点、突出点，画面反而没亮点了。

图 2-60　页中的色彩运用

要掌握"色彩平衡"的应用原理，首先要了解补色。补色是指一种原色与另外两种原色混合而成的颜色形成的互相补充的关系。例如：蓝色与绿色混合出青色，青色与红色为补色关系。

那么色彩平衡的原理具体是什么？看图 2-61 所示的色彩平衡图，在 PS 中，当你用色彩平衡的时候，你增加红色，PS 会自动降低青色，以保证色阶值为 256。并不是所有的图像每种颜色色阶都会到达 256 那么高，比如你现在的图中，若红色色域只到 100，那么你用色彩平衡，比如增加了 80 的红色，那么青色会自动降到 20，以保证图像的原始颜色的色域。这就是所谓色彩平衡。

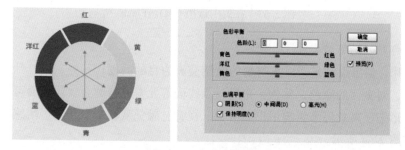

图 2-61　S 色彩平衡图

3. 创意设计

说到创意，应该是设计师最擅长的，但肯定也是他们最头疼的问题。如何评判一个创意的好坏？借用周杰伦的一句话"哎哟，不错哦"，当别人看到你的页面的时候，能发出这种感慨，那基本上你的这个页面应该是做到位了。

随着移动端装备越来越好、VR 越来越触手可及，现在的设计师已经不满足于一个简单的 2D 场景或者平面视觉了，C4D、AE、Flash 这些软件似乎能让设计师们在页面上发挥出更多的创意，如图 2-62 和图 2-63 所示。

图 2-62　C4D 作品

图 2-63　在页中运用 C4D、Flash

4. 趣味、情感类设计

趣味、情感设计是指以人与物的情感交流为目的的创作行为。设计师通过设计手法，对页面的颜色、质感、布局、点线面等元素进行整合。让页面可以通过声音、形态、寓意等来影响用户的听觉、视觉、触觉从而引发共鸣。情感化设计示意如图 2-64 所示。

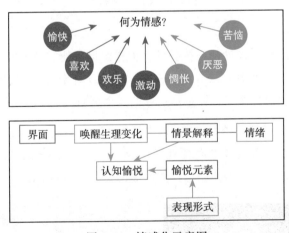

图 2-64　情感化示意图

在网页设计中，情感化设计也是无处不在的，设计师用图片和颜色来表现丰富的情感，甚至赋予页面不同的情感，比如喜悦、悲伤……常见的活动专题中就大量使用了情感化设计。

图 2-65 所示为迅雷离线下载运营活动，该活动页就改变了以往简单介绍产品

功能的传统推广模式，而是模拟深夜场景：把家里的电脑比作有情感的人，长时间使用后电脑温度过高，温度计的使用提示你需要关机休息了；下载冷漠资源用了比较冷的色调，用跨栏比喻下载的难度；下载失败的场景则用了红色来表现。小人沮丧的模样符合失败的心理特征。

图 2-65　迅雷会员离线下载

我们在生活中处处都在使用情感化设计，比如在电子邮件、短信和社交媒体中进行交流时，每天发出去的那么多表情符号，可以让别人清楚地了解我们的感受，而这就是情感化 UI 的一种呈现形式。

如图 2-66 所示，迅雷设计的这一套雷鸟表情符号非常生动，用户在聊天界面进行交流时，会逐步引起一系列生理感觉和情感，而这些是用户需要宣泄的。从视觉上来看，使用面部表情来表达所需要的情感是最好的方法。人的面部所能承载的情感对于用户而言更容易判断也更容易被接受，所以这样的

图 2-66　雷鸟表情符号

图片也有着更为明显的效力。当然，其中最重要的事情在于，真正触发情感的是你的内容与相应的设计，这些是你所讲故事的核心部件。

在 readme 登录页面（见图 2-67），当你输入密码时，上面萌萌的猫头鹰会遮

住自己的眼睛，从而在输入密码的过程中给用户以安全感，让用户直接体验到关怀感，"卖萌"的形象还能减少用户在登录时的负面情绪。这种情感化的设计很好地抓住了人对萌物的同情心和对隐私的敏感，是很棒的设计。

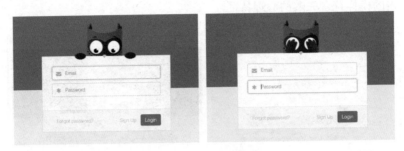

图 2-67　readme 登录页面

又例如页面里把各种元素画在纸上并剪切搭建好，再用相机拍摄处理成页面的头部 Banner，这样就有了足够的页面个性和设计趣味性，如图 2-68 所示。这种手法还经常出现在 H5 页面里，加上动效就更有趣、生动了。还有一些有趣的页面是基于配图、插图体现的，这类情况不需要给页面增加过多的元素，如图 2-69 所示。

图 2-68　案例分析

图 2-69　案例欣赏

趣味、情感类设计更多的是一种亲切感，并不是所有的页面都要求有，但是偶尔为之，会让页面添色不少。

5. 模拟实物、打破常规、制造空间

模拟实物和营造空间气氛这类设计出现在游戏类网页中比较多，这样做很容易把用户带进活动氛围，相关案例欣赏如图 2-70 ～图 2-72 所示。

图 2-70　NEXON 案例欣赏（一）

图 2-71　NEXON 案例欣赏（二）

活动页设计的方法其实可以有很多种，关键还是在于自己去发现、探索。不过任何一种设计形式都离不开三个步骤：

1）设计版面、标题形式。

2）配色，找参考临摹、理论依据、配色直觉。

3）丰富画面，点缀（气氛）、质感、纹理、整体调整。

图 2-72　游戏活动页案例欣赏

6.案例一：最萌雷鸟

活动"最萌雷鸟"是为了更好地在线上销售第二代雷鸟公仔而设计的活动页。其实设计中心每年都会出不少迅雷周边设计，有的是为活动销售设计的，有的是为了回馈高等级迅雷用户设计的。雷鸟公仔实物如图 2-73 所示。

图 2-73　雷鸟公仔

设计活动页很多设计师习惯从主题字开始入手。前期通过跟需求方的沟通和活动页类型的理解基本能拿捏到主题字的风格。然后我们开始对标题文案进行设计、变形、丰富细节等处理。考虑到页面是卖迅雷公仔，故偏可爱风格，所以在字体设计会偏向于圆润（后面章节会具体介绍如何进行字体设计），如图 2-74 所示。

图 2-74　主题字的草图和完成稿

对手绘好的主题字扫描或者拍照并放进 AI 或 PS 里调至 50% 的透明度，然后进行勾边、配色，做成矢量文字（小技巧：做成矢量文件的好处就是放大缩小时不用担心文字会变虚）。

然后进行参考配色、添加场景元素，如图 2-75 所示。

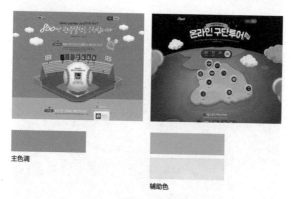

图 2-75　色彩参考

在确定好配色之后我们开始添加背景素材和为形状上色；接着配色、添加标题；在背景做完之后我们陆续开始添加标题文案并且进行配色。

最后对页进行丰富，比如添加内容、点缀元素。图 2-76 和图 2-77 所示为最终页面效果，不过页面稍稍有点儿长，故只能放一部分出来给大家看看了。

图 2-76　"最萌雷鸟"活动页头部设计

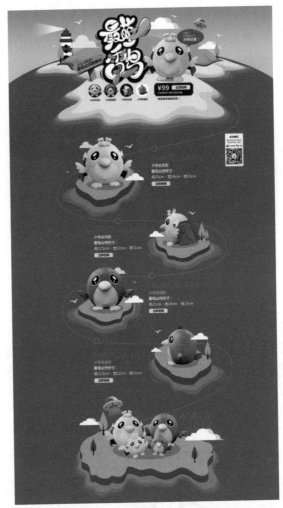

图 2-77　"最萌雷鸟"活动页整体设计

7. 案例二：迅雷网游加速器年终大回馈

如图 2-78 所示，这是一个关于迅雷网游加速器年终大回馈的活动页，因为内容和文字信息并不是很多，所以发挥空间相对来说要大一些。在接到需求的时候设计步骤还是大致分为三步：

1）设计版面、标题形式；

2）配色，找参考临摹、理论依据、配色直觉；

3）丰富画面，点缀（气氛）、质感、纹理、整体调整。

图 2-78 网游加速器年终大回馈活动页

考虑到需求方是跟游戏相关的，所以在版式构图上面会大胆一点，整个页面几乎一屏就能展示完。先是主题字，这里设计了笔画比较夸张的字体，特意放大某些笔画以增加主题的对比，让主题在整个画面里更突出。主要信息则设计在一个红包的样式中，红包是红橙暖色系的，其他周围的配色则选用了蓝紫等偏冷的颜色，这样的冷暖对比更能衬出中间需要展示的信息。

关于配图，事先也咨询过需求方，因为跟游戏公司都是有合作关系的，所以在配图、元素上可以放心使用，不用担心版权问题。这里选用了一个剑灵的游戏角色，这种原画和矢量感的搭配就有一点情感化、趣味性的设计在里面，不会让页面显得过于游戏化，毕竟它是一个年终大促、回馈用户，有相对亲民一点的需求，所以在风格画面上还是避免太过昏暗或者高冷。

设计过程中的小提示：对于图层的整理也是一种设计，是对图层结构的一种思考，它不仅有利于清理设计完稿后无用的设计元素和图层，还可以提高整个工作流程中协同修改的作用。当你拿到同事的文件，并被眼前井井有条的图层结构所吸引时，立马找到相关的元素，这时你会感叹"哇！好专业的 psd"，如图 2-79所示。

专业的分组   走心的分组

图 2-79 图层分组示意

图层整理的 3 大好处：

1）梳理设计并删除多余元素。

2）在最终完稿后，要对该文件中的图层进行必要的梳理和分组，分组建立图层组的最大意义就在于逐一删除页面中多余的图层，使呈现在页面上的设计更简洁和实用；在重构或者同事接手项目时可以给出清晰的设计稿。

3）在梳理图层时，可以发现设计过程中有意或无意添加的重复、无用的元素或图层。删除它们就是对设计作品的简洁化整理；不存在多余图层，使每个图层都有存在的意义。

2.4.2 运营活动页中信息的中心——主题字

主题字在活动页或者 Banner 中通常都不会保留原字体，多少都会动一动字体的某些笔画或者局部结构，使主题字更加的形象、有趣、酷炫，所以字体设计就尤为重要了。另一方面是用原字体是会侵权的。

1. 字体的"前世今生"

在当今科技高速发展的时期，信息的传播和交流的媒介更加科学化，而文字作为古老的信息传播载体，它的存在对于人类的发展有着巨大作用。纵观世界各国的文字，无论是外文字母还是中国汉字，都是源于图形。人们为了记录自己的思想、活动、成就，开始利用图画作为记录手段，但是图画对于思想的表达非常有限，特别是对于比较抽象的思维表达，几乎无能为力，因此文字应运而生，也就是说是图形孕育了文字。大家都知道最早的汉字是甲骨文。甲骨文具有会意、指示等特点，这种特点和平面设计一样，是供人识别的。甲骨文是一种传播信息的平面图形，其实现了文字记忆、抒情、审美等文化功能。图像化的文字具有传递信息快的特点，通过颜色、形状、色彩、质感等方式，将要表达的信息传达给他人，让他人识别、记忆并对其产生影响。

2. 图形语言的特征

图形语言在情感信息传达上具有以下几个特征：

- ❑ 直观性和生动性：图形语言在信息传播中以简洁真实、直观生动的形象承载着大量的信息。
- ❑ 个性化和象征性：简洁生动的图形除了直接表述主题外，还传达一种深层次的精神内涵，受众对于图形信息的正确认识需要与视觉经验信息联系起来。
- ❑ 说服性和感染性：想要说服别人接受某种思想观念时，最好的方式莫过于用事实说话，将其展示出来。创意图形的构图、色彩能够直接刺激人的眼球和大脑，感染人的情绪。如红色让人兴奋，产生食欲；蓝色让人安静，产生遐想；黄色代表了刺激和危险等。而当面对一些比较抽象的字义时，我们可以选择它的同义词，或者与之相关联的具象的实物、图形来展示，这样受众理解起来就会明确很多。

3. 字标设计的要素

字标设计的要素如下：

- ❑ 独特性：标志必须要有其独特性，容易使公众认知及记忆，留下深刻印象。如果涉及的字标和别的同类型标识相比没有独特性，那这个字标就一定是失败的。

☐ 准确性：也就是反应内容的准确度，要紧紧把握住需求方的特质特点。

☐ 适用性：指的是能在各种尺寸的页面上显示，做广度展开时形状也能清晰可见。一个好的字标不单要在网络媒体上适用，同样也要在印刷品上能够很好地展现。这里涉及字体在设计时的笔画、字宽、字距等一系列细节。

4.字标的类型

（1）具象型

具象型指字形里会穿插很多和该字表面意思相关的物件，以此让人第一眼就能加深和明确该LOGO所要表达的意思。这也是大家最常用的类型，基本上一个字标其实最多能出现的元素只能有两个。再多的话我们会顾此失彼，在做字的时候放进去大量的元素，会忽视字体本身作为标识的结构笔画问题，这样会造成LOGO更像是一个图而不是一个字，反倒影响了字形的识别度。具象型字体示意如图2-80所示。

（2）手绘型

手绘型字体以手绘的形式来表现，具有不规则性，通常更有魄力，如图2-81所示。

图2-80　具象型字体示意　　　　　　图2-81　手绘型字体示意

（3）几何型

几何型字标在结构和笔画上比较规整，追求对称感觉和结构感觉，可以有菱形、方形、梯形等多种形式的变化，如图2-82所示。

（4）流线型

流线型字体设计上追求线条流畅和飘逸，这种字体多用于偏女性化或中性化的内容中。

图 2-82　几何型字体示意　　　　　图 2-83　流线型字体示意

除此上述字形之外还有回线型、结构错落型等。其实一种字的类型有时候并不单一，可以对多种类型进行结合来创作。

5. 实例一："音乐亚洲"

拿到一个字体设计的需求后，首先要做的就是分析需求，如图 2-84 所示。

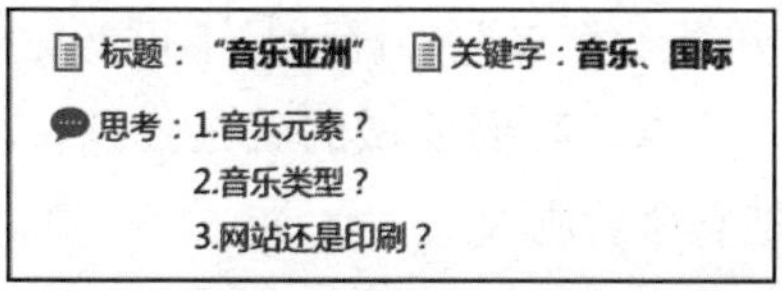

根据不同的方向制定不同的计划，是我们在实际制作之前必须考虑的。那么，接下来我们就开始实际制作了：

图 2-84　实战案例分析——"音乐亚洲"（一）

1）选一种已有的字体作为设计参考雏形，同时确定单个字的长宽比例（以框裁定），定好字体笔画粗细比例，如图 2-85 所示。

图 2-85　实战案例分析——"音乐亚洲"（二）

2）对字标进行切角设计，并美化字形，如图 2-86 所示。

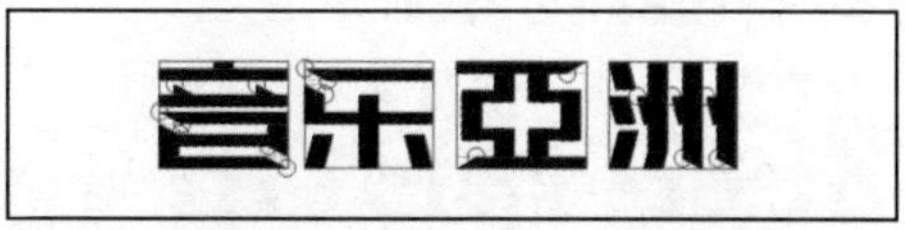

图 2-86　实战案例分析——"音乐亚洲"（三）

3）添加音乐元素，考虑添加在哪个字上最合适，且如何自然而不突兀，如图 2-87 所示。

4）确定图形后将它置入文字中，并微调，如图 2-88 所示。

5）对字标结构进行调整，突出"音乐"二字，错落结构增加层次，如图 2-89 所示。

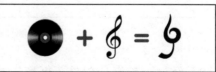

图 2-87　实战案例分析——"音乐亚洲"（四）

图 2-88　实战案例分析——"音乐亚洲"（五） 　图 2-89　实战案例分析——"音乐亚洲"（六）

6）发现字标整体感还不够，于是加一个边框，使其看上去更加像整体，并开始修剪之前白色的切角遮盖部分，如图 2-90 所示。

7）最后根据网站页面色调上色，添加装饰性英文，微调完成，如图 2-91 所示。

图 2-90　实战案例分析——"音乐亚洲"（七）

6. 实例二："狙击枪战"

"给我一个 X"？设计是不可能凭空给出一个 X，我们要做的就是找到一个事物把它命名成 X。

1）这是一个视频片尾的 LOGO 字标，先在草稿上手绘设计各种可能，并删选各种不适合的可能，如图 2-92 所示。

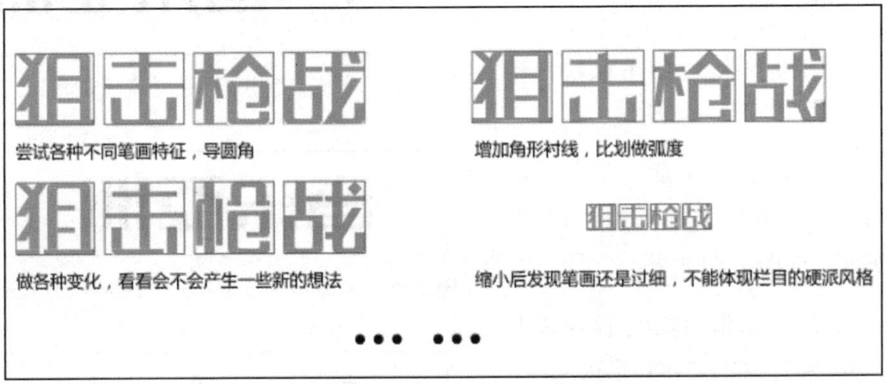

图 2-91　实战案例分析——"音乐亚洲"（八）

图 2-92　实战案例分析——"狙击枪战"（一）

2）经过一轮筛选尝试，更换笔画粗细，进行结构上的变化，最终得出图 2-93 所示效果。

图 2-93 实战案例分析——"狙击枪战"(二)

到此就差不多了？不，还没有！我们会发现虽然添加了元素后的字体仅是加上了元素的字标，并没有突出枪战的紧迫感和速度感，而且视觉中心不明确。

3）再经过一轮筛选调整变化后，得出图 2-94 所示效果。

图 2-94 实战案例分析——"狙击枪战"(三)

4）最后为了给字标更好的示意，通常会做有深色和白色两纹底来展示效果，如图 2-95 所示。

图 2-95 实战案例分析——"狙击枪战"(四)

最终视频效果如图 2-96 所示。

图 2-96　实战案例分析——"狙击枪战"（五）

文字的出现是文明的进步，文字已经从最早的事件记录的载体，逐渐演化成为人类用来感知世界、传达情感的工具。人们不但可以通过文字来进行视觉上的形态认知，还能够通过将文字图形化、意象化，以更富创意的形式和美学效果准确表达出深层的设计思想、情感和意图，用一种直接的方式与他人交流对事物的感悟和思维等。

其实字体设计还有很多种可能，也有很多规律可循，例如后期特效的不同展现出来的感觉也不一样，也许还会上一个层次。在设计过程中多多尝试不同的想法，多吸取别人的经验，才能发现更新鲜的东西。

2.4.3　运营活动页中的视觉焦点——Banner

在活动页的设计中 Banner 往往是用户进入网站第一眼看的内容，也是整个网站的视觉焦点。根据活动页要推广的内容将 Banner 视觉稿改为不同尺寸，从而用在各种不同的推广平台。这里的几个 Banner 从构图来说比较常规化，就是左文字右配图，这样的构图有个好处，就是阅读起来很方便，比较适用于快消类活动页，能让用户在很短的时间内知道活动的大概内容。

Banner 包含 4 个组成要素：文案或商品、模特、配图或背景、点缀物（可有可无）。Banner 的作用是宣传、展示、准确传达信息。而在宣传和信息准确传达中，文字、主题的设计是必不可少的，毕竟所有好的作品，最基本的要素就是细节的丰富和完善，细节处理得好，作品想出问题都很难。那么接下来就先从文字排版的规律、文字的行距和间距、主副标题的运用等一些细节开始吧！

1. 文字的排版

我们阅读文字时的基本规则是从上到下、从左到右，文案的排版应尽量遵从这一规则。除特殊版式之外，尽可能减少参差不齐或右对齐排列。大部分情况下，使用左对齐或居中对齐是最为合适的选择，如图 2-97 所示。

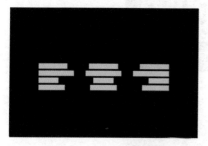

图 2-97　文字排版示意

图 2-98　Banner 设计赏析——文字排版（一）

图 2-98 ～图 2-100 所示是国外的 Banner 设计，由图可知，不管是应用了文字的特效、文字的前后层次还是文字的倾斜，都是遵循左对齐原则。

图 2-99　Banner 设计赏析——文字排版（二）

图 2-100　Banner 设计赏析——文字排版（三）

当然，左侧对齐的排版方法并非绝对。来欣赏几张国外右对齐和居中对齐的 Banner 案例，如图 2-101 ～图 2-103 所示。

图 2-101　Banner 设计赏析——文字排版（四）

图 2-102　Banner 设计赏析——文字排版（五）

图 2-103　Banner 设计赏析——文字排版（六）

当素材在左侧或者居中出现的时候，我们可以使用右对齐或者居中对齐，效果就会比左对齐有更好的效果。采用何种对齐方式，关键还是取决于自己对设计目标的理解度。

2. 明确主、副标题和描述

主、副标题文字的版式核心还是对比，诸如粗与细、大和小之类的。而与谁做对比、怎么对比、为什么要对比，对于这几个问题很多初学者掌握得都不太好，往往容易把一个 Banner 做得很花哨。

主标题大、粗、醒目，副标题可以与主标题用同一字体，但应略大、略粗且较为规整。描述常伴有形搭配来划出分隔，这样利于阅读，较细、较小。另外在字体的选择上，描述尽量不要使用识别度较低的、异形的字体，那样并不方便阅读，还有可能会毁了你的 Banner。图 2-104～图 2-106 所示，这就是一个好的示例。

一般情况下，主标题还是以一行为宜，如果主标题过长会导致我们的视觉点被拉长。

网易音乐出品的 Banner，他们自己的几套模板也是遵循之前说的版式，即左对齐、居中对齐和右对齐。

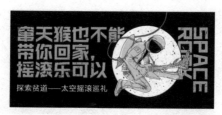

图 2-104　Banner 设计赏析——明确主次（一）

图 2-105　Banner 设计赏析——明确主次（二）

图 2-106　Banner 设计赏析——明确主次（三）

3. 行距和间距

行距与间距也是点睛之笔。如果控制得好，整个文案都会很和谐，如果控制不好，即便上边提到的几个技巧都做得很好也会让人感觉整体非常不舒服。

以图 2-107 所示 Banner 为例，主标题、副标题用了明显的左对齐构图。在 LOGO、主标题、副标题和按钮中寻找到了版式的平衡点，使得文字排版更有节奏感和空间感。用红线和透明黑色块标注一下能看得更清晰，如图 2-108 所示。

我们可以拉开文案间距的行距，较为合理地承担行距的上窄下宽，宽度可以帮助支持画面，但是要注意，这个时候我们要把同一范围的文案看作一个整体，当作一个分块，不要让这种整体在一个画面里出来太多。板块分得太多文案就会散乱，视线也不易集中，一般情况下两块即可。不过整体中的文案之间可以做一些小浮动性的行距处理，如图 2-109 和图 2-110 所示。

图 2-107　Banner 设计赏析——行距和间距（一）

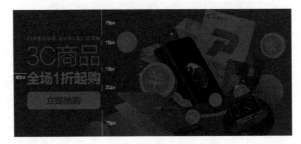

图 2-108　Banner 设计赏析——行距和间距（二）

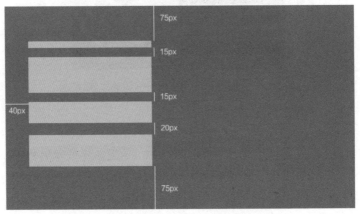

图 2-109　Banner 设计赏析——行距和间距（三）

图 2-110　文字间隔示意

　　所以在距离的把控中，我们一定要慎重考虑画面平衡是否合理，直白点说就是能否把上方的文字支撑起来，而支撑的这个过程就是得看文字的行距和间距了。

4. 英文的使用

　　不少朋友都很喜欢用英文做设计，包括我在内。其实在活动或 Banner 设计里，英文更多是起到装饰、平衡画面的作用。在翻译英文时是有技巧的，不要直译，要尽量找与主题相近的词去翻译。这种情况我们尽量使用大写字母而不要使用小写，因为小写文字有高有低，会显得很不规整，很容易干扰用户视觉。而大写字母高度相同就会减小这种视觉上的冲突，如图 2-111 所示。

图 2-111　英文字体运用示意

　　如图 2-112 所示，这幅 Banner 设计如果没有大写的英文标题和按钮设计的平衡支撑画面，单靠纯文字，可能会使左侧空洞很多。

　　当然也可以用纯文字排版，例如图 2-113 所示。在这里只是提到英文是一种点缀的方法，并不是绝对的，况且设计并没有什么绝对的方法。

图 2-112　Banner 设计赏析——英文的使用（一）

图 2-113　Banner 设计赏析——英文的使用（二）

　　其实表现形式、配色、标题设计、产品特性、表现手法等都可以在保持页面调性一致的情况下进行任意组合，所以方法非常多，关键是如何应用。

下面我们抛开专业，再来谈谈设计活动页过程中通用的一些职业技能和方法技巧。

5. 职业技能和方法技巧

（1）需求开始前

活动页设计过程都大同小异，方法的架构也都差不多，基本样式为"聊一聊、想一想、看一看和试一试"。

- ❑ 聊，就是跟需求方聊一聊当前话题，需求是什么，听一听该需求的起因、用途和需要带来的结果。
- ❑ 想，想想这个需求怎么去做，针对该需求进行一些可执行的理论思考，找出一些具体的方法。
- ❑ 看，这一步就需要经验和大量的阅读了，翻阅一些优秀的作品，从优秀的案例中寻找灵感，深化对之前方法的理解。
- ❑ 试，接下来就是尝试去做这个需求了。根据以上的经验、方法，结合工作中的经验和网页需求进行视觉尝试。

（2）学会观察

新手最容易犯的错误是直接使用 Photoshop 或 Illustrator，要清楚，学会 Photoshop 和 Illustrator 并不能让你成为设计师，就像你买了一套高质量的画笔也不会成为艺术家一样，你应该从真正的基础开始。

首先，学一点绘画：你不需要挤在一个画室里，跟一群艺术家一起画素描、速写。你甚至不需要画得非常好，只要掌握一点基础就行。你做一件事即可学会如何画画，也就是看一些关于绘画的书，然后每天花半个小时去练习画画，坚持一个月，会有惊人的效果。因为绘画是一种最快产出最多元化想法的方式。然而在这里你大可放轻松，再丑的手绘也能达到目的。这也是为什么你即使不会画画，我仍然建议你养成手绘的习惯。图 2-114 所示即是一种手绘稿。

图 2-114　日常需求的手绘稿

其次，学习一些平面设计理论，学会运用颜色及排版。当然你也可以每天关注一些优秀的设计板块。

再者，学习如何写作，不要用废话来充版面。身为一个设计师，你的工作不只是画出美丽的图片而已，你还必须是个优秀的沟通者。想想你过去的一切经验，并且慎选每一个字。

学习放弃自己的作品，这也是很困难的部分。要做好心理准备，因为你自己觉得已经是满分的作品随时有可能被扼杀。越快做好这样的心理准备，工作就能越快上手，因此若觉得成品不够好时，就随时砍掉重练吧。

找到公正的另一双眼：向懂设计的人询问看完你作品后的感觉。若身边没有这类朋友，就去参加设计师聚会或相关活动来认识几个！

也要问问不懂设计的人对你的作品有什么看法。让你将来的使用者试用你做的网页或应用软件。不要害怕问陌生人的意见。

认真聆听别人的意见，不要急于辩解。当你问别人意见，而对方愿意花时间和精力回答你时，切记不要用辩解来回报他们。相反地你可以感谢他们，并且问他们问题，最后你再自行考虑是否采纳他们的意见。

相信专业技能和职业技能相结合后，再加上你的用心和努力，终能创作出优秀的作品。

2.5 活动运营设计风格篇——设计未动，风格先行

设计风格是用户对整个网页的第一印象，一个成功的网页，它的整个风格是非常贴近目标用户喜好的，能让用户看到它的第一时间是愉悦的，产生情感的共鸣。

迅雷运营活动的营销策划基本上都是以开通会员为核心而展开的，在实际设计上没有多样化的实物产品或素材可以使用，最多就是会员卡了。但不可能每个页面上都是各种会员卡的展现，这样会出现高度重复和视觉疲劳，所以设计师要通过多种途径设计出不一样的创意运营页面来，"参半风格"的设计便成为一个最佳解决方案。

接下来我们简单介绍什么是参半风格及其运营案例。当然并不是所有的页面

都是这种风格，要根据具体的产品特性做出变化，比如有扁平、拟物、参半（见图 2-115）等多种风格。相信扁平等风格大家都有所耳闻，什么是参半设计风格？参半就是在扁平风格的基础上加上高光、渐变体现出物质的形体、质感和重量。虽然扁平风格随处可见，但因为它没有质感相伴，所以对简单的形状就会有更高的要求，比较适合产品界面或官网等正式的场合。扁平不易营造出刺激性强的运营氛围，而且情感的传递也会显得冷清，所以以下案例均是介于扁平和拟物之间的参半风格，这种风格在电商页面中较多见，可以营造出绚丽、精彩的视觉效果。图 2-114 所示为最强福利日的 Banner 设计，从白金会员的 LOGO、超级会员的 LOGO、礼物 icon 设计到荧光盒子，每一个都突出大礼包的概念。再利用透视感创造出一种高级和大气的氛围，给人一种信任和贵重的感觉。

图 2-115　参半风格——最强福利日运营页面 Banner 效果

2.5.1　追随潮流和热点，营造独特的设计风格

设计师要紧跟时代的潮流和热点，掌握和接收多变的信息与潮流设计元素，将它们运用到自己的设计作品中，形成独特的风格。可是很多时候热点来得快去得也快，所以在时间上的要求会比较高，而且要准确地抓住和热点相关的关键桥梁，但要规避版权相关的风险并要设计出属于自己的特色和创意，重点还是内容设计要足够吸引用户眼球。热点实效性虽短，但能完全满足一个运营活动页面的使命，只要利用好这段时间就会取得意想不到的结果。下面是两个迅雷会员开放日的活动页遇上热点的案例，阐述了设计思路和转化结果。

1. 抓精灵年费免单

《Pokemon Go》应该是 2016 年最火的手游了，是对现实世界中出现的小精灵进行探索、捕捉并与之战斗或与他人交换的游戏。2016 年 8 月开放的亚洲地区只有日本和中国的香港和台湾，对中国大陆用户还没有开放，所以大家玩的都是模拟场景。我们在同月策划了一个抓精灵年费免单的运营活动，《Pokemon Go》的关键词是小精灵、地图、捕捉，所以在页面设计的时候也是围绕这三点。利用这种热点最忌讳的是版权和抄袭，所以在设计小精灵的时候把大家常见的几个动物，比如皮卡丘、妙蛙种子、小火龙等形象改为我们的雷鸟形象，就像雷鸟穿上了小精灵的衣服一样。

其次是页面风格的把控，设计师虽然玩过《Pokemon Go》，但在此之前没有接触过关于它的其他内容，所以特意去了解了这个游戏的历史以及看了相关的动画片，发现小精灵的动画片是给小朋友看的，所以内容低龄、幼稚，但手游是给年轻人玩的，游戏界面的风格是参半。参半在扁平的基础上加了高光和阴影等质感，形成比较饱满圆润的、较轻的质感及富有情感的立体图形。这种风格界面既高端大气又保留了一颗童心，页面的风格大致也就这样定下来了。

接下来又面临另一个问题，那就是紧跟热点的同时要有自己的创意和特色。之前火了很久的《纪念碑谷》风格，很多运营页面在使用它的风格时表现出极强的一致感，接触过这个游戏的用户会被游戏本身的特性所感染，但是页面所要传递的运营内容反而会被削弱，这样就会出现盲目跟随热点而失去自我的情况。所以在设计抓精灵的页面时应尽量降低与热点的相似度，从其背景、元素、字体设计等方面做出新的创意。比如背景地图画得比较简单，更多地创造出一种透视感，把抓精灵和凑精灵用两个容器各自包裹起来，边框的设计没有用大圆角的形式而是采用比较硬朗的折角，但又不会像矩形那么方正，这样设计的目的是让整个画面带有一些科技感并降低卡通的感觉。风格是一种艺术美感的一致性体现。多种风格存在于同一个页面里时，要达到协调和舒适。

整个页面由两种图形组成：圆和矩形。这两种图形有各自的分工，圆形出现在重点内容上，比如主标题年费免单的字体设计以及标题上方的大半圆（大半圆逐渐全白是与凑够 5 只小精灵相关的一种指向性设计）、5 个小精灵（见图 2-116）以及 Button；矩形出现在背景、点缀元素、区块等辅助元素上，如图 2-117 所示。如果全部都是圆形，会降低画面的品质，从而显得低龄。

皮卡丘　　　　妙蛙种子　　　　小火龙　　　　喵喵　　　　胖丁

图 2-116　雷鸟版小精灵

图 2-117　抓精灵年费免单运营活动页面

2. 狂送 iPhone 7 Plus

苹果公司一年一度的新品发布会全世界瞩目，2016 年的 iPhone 7 发布会也是如此。很多运营页面里最好的奖品便是 iPhone，说明大多数人很愿意为此买单。迅雷的运营活动在 iPhone 7 发布会前一周就已经开始策划并可以上线预购，由于页面转化率很好，在 iPhone 7 发布后紧接着重新设计了一稿正式页面，同时对之前页面存在的问题进行了优化和奖品升级。

此次运营页面的主要卖点是 iPhone 7（见图 2-118），其产品特性很明显，科技、现代、时尚。扁平风格比较适合来加强传递这种氛围，其中不需要参半或拟物风格的人情味，需要酷与动感，其次需要确定的是搭配页面风格的配色。

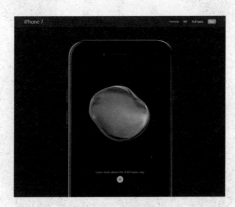

图 2-118　iPhone 7

页面里的每个颜色都有属于自己的特定功能，尽量不要混用，视觉和信息可以通过颜色来做区分，让整个交互和逻辑更清晰，更方便浏览。这次页面设计的主要切入点便是 iPhone 7 的钢琴黑和哑光黑，在苹果的官网中就可以找到风格配色：黑色和深蓝色。它的整个界面都是黑色，手机上新出的动态壁纸是蓝色的琉璃球，如图 2-117 所示。所以页面的背景颜色就可以利用黑和蓝来配合完成，重要内容信息用了红色来突出，如点亮、红包和话费卡；Button 和可点击的文字链接的颜色统一用黄色做区分。如图 2-119 所示，当一个页面已经有三个对比强烈的颜色时，要善于利用颜色明暗度和相近色做主次区分、突出和弱化。

3. 数据反馈

经过不断优化和迭代，支付的转化率提升 1 倍——国庆前改版页面（见图 2-120），在 UV 没有大涨的情况下，日均流水上涨 97%，支付转化率提升 1 倍。

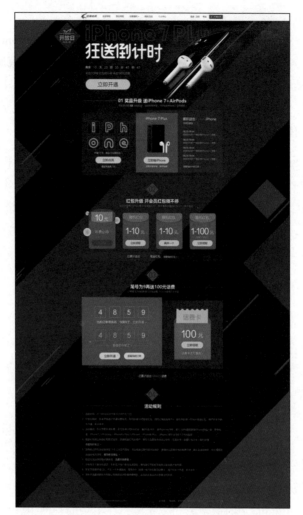

图 2-119　iPhone 7 Plus 免费送——改版后运营活动页面

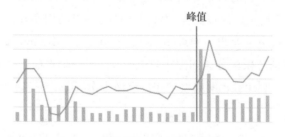

图 2-120　支付转化率最高峰值出现在页面改版后

2.5.2　用节日，营造网页氛围

节日本身就是一种氛围，把实际生活中的节日放到活动页面中来，所有的元素和颜色都属于同一个来源或者都会向同一个方向迸发，就会产生强大的凝聚力和震撼人心的力量，让用户沉浸在其中并被这种氛围所带动，产生我们想要激发出来的心情。

下面两个案例是迅雷会员 7 周年活动和"女神遇见春节"活动，不同的节日，运用不同的设计元素，营造各自独特的风格。

1. 迅雷会员 7 周年

迅雷会员 7 周年活动是属于会员用户的节日盛典，风格当然要美艳、绚丽，让人过目不忘，而且要实实在在地、更大力度地回馈用户。

（1）会员 7 周年庆典品牌标识设计

会员 7 周年庆典品牌标识设计如图 2-120 所示，活动页面分为三期，并将"7"作为主体元素进行突出设计，所以在品牌标识设计的时候也把"7"提出来，如图 2-121 所示。

（2）迅雷会员 7 周年的运营活动页面设计

这是迅雷会员 7 周年第三期的页面。第三期刚好和每月的会员开放日一起进行，开放日的主题主要是拉新和回馈老用户，通过打折或更优惠的方式吸引用户购买迅雷会员，而 7 周年是具有

图 2-121　迅雷会员 7 周年 LOGO 标识

纪念意义的日子，所以两者结合会更盛大且隆重。这次主要围绕"7"和年费会员进行，为了让活动更有趣味性，使用了比较新颖的抽奖形式，为了答谢会员，订单尾号中只要有两个"7"便可获得定制版文化衫和超级公仔。

- ❏ 风格：参半（扁平风格的基础上加上高光、渐变体现形体、质感和重量）。
- ❏ 素材：气球、球体、金币、红包、7 年会员卡、丝带、荧光条。
- ❏ 构图与节奏：圆润。
- ❏ 色彩与光线：光源从主题字周围均匀散开；紫色为主色调，主要用在背景气氛图和点缀元素上；黄色虽为辅色，用在重要的 Button 和醒目的标题上；背景较暗，内容板块较亮，前后对比度较强，突出重要内容。

❑ 对比：突出 7.7 折，弱化开年费疯狂"钜惠"；球体和其他点缀元素从高光中心由小到大、由明到暗、由密到疏散开；较小的和远处的看起来较轻，越近的和大的较重；将开通年费和奖品放在第一屏幕展现。

字体设计重点突出 7.7 折，捕捉了当时比较流行的荧光字的设计，主次分明，让整个画面干净利落。

（3）创意抽奖机

常见的抽奖形式大多都是带有赌博性质的游戏，它的魅力就在于以小搏大，低风险、高回报。原型图中的抽奖把手在右侧，会造成左右不平衡和信息不对称的情况，所以设计的时候把大家熟悉的样式进行重新改造，陌生化，让它变得更为稳重且有新意。为了增强页面效果，在抽奖模块的下方设计了一个有趣的动画，从里面不停地下奖品雨，让用户觉得里面会有很多实实在在的东西，激发用户点击抽奖的欲望。但是鼠标放在 Button 上时，动画会停止，以免影响用户操作，造成注意力转移。通过上述设可使用户更精准、更放心、更愉快地参加活动。这种形式在后面的运营活动中被多次作为激励用户操作的范例。

（4）品牌周边——文化衫图案绘制

7 周年文化衫和超级公仔是一整套打包送给用户的，所以在图案绘制时融入了大量的迅雷产品 LOGO（见图 2-122）和超级公仔的轮廓。

图 2-122　用于绘制文化衫的部分迅雷产品 LOGO

"Hello，XUNLEI VIP"作为主体文字，在绘画的时候让主题字完美地与画面融为一体。画面中间部分的图形是以迅雷公仔的轮廓作为基础创作的，因为会员是从 2009 年开始的，所以画面中间加了" SINCE2009"突显 7 周年的时间。其他插画元素基本都是以迅雷的各个产品为原型，然后加以抽象和小怪物化处理，让它们看起来没那么直接，并且有更多的想象空间，如图 2-123 和图 2-124所示。

7 周年的运营活动页面如图 2-125 所示。

图 2-123　超级公仔融合在
　　　　　文化衫中的图案

图 2-124　限量版超级公仔和
　　　　　7 周年文化衫效果图

图 2-125　迅雷会员 7 周年（第 3 期）运营活动页面

（5）数据反馈

活动时间 14 天，第三期活动的日均开通人数不断提升，本期活动根据第一期和第二期的经验，在渠道投放及活动流程上不断优化（加强倒计时、渠道精准投放、创新活动玩法）。与第二期活动相比，日均开通人数环比提升 3.4 倍，与第一期活动相比，环比提升 81%，如图 2-126 所示。

2."女神遇见春节"

春季给女神发福利是春季一次较大型的运营策划活动，前后分为三期：第一期活动预告，告诉用户红包发放的具体流程和步骤、以及后续所有活动；第二期红包正式发放，女神和商家从除夕开始发红包，共 7 天；第三期延续二期活动的尾牙，主要以抽奖为主，其中有"女神陪你过节"

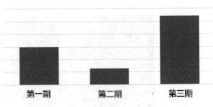

日均支付人数较第二期提升了3.4倍
较第一期活动提升了81%

图 2-126　三期活动运营数据分析对比

等丰富奖品。这三期运营活动视觉包装上均表现出延续性和一致性，这里以第二期运营页面的视觉设计来说明真人素材拍摄与参半风格的结合，从而营造出一种美丽时尚的春节氛围。

（1）风格定位

人们对传统节日的记忆更多的是情感记忆，情感需要时间和气氛来唤起，可以很平常，也可以很强烈。商家和媒体比较擅长对节日的渲染，激发人们内心深处对节日的渴望，很多人对于平时舍不得买的东西，遇到节日促销就会愿意消费。每个节日都有自己独特的事物用于营造这种气氛，比如春节肯定会有大红灯笼、对联、鞭炮、红包、糖果、气球等元素，红色与金色属于春节的标配色，而举国欢庆的春节遇上女神发红包又会碰撞出什么呢？

可能有读者会问迅雷女神是何许人也？这可能要追溯到 2015 年我们的《直播吧女神》的项目，这是一档基于真实、健康生活的大型真人秀节目。我们通过网络直播女神锻炼马甲线的真实生活，涉及每天的健身、饮食、竞技游戏等很多场景，以科学健身为起点，倡导健康生活，引领新型时尚。女神传达的是一种健康向上和青春活力的形象，非常受人欢迎，这非常适合作为我们这次运营活动的人物素材，特别是春节活动——女神送红包，迅雷所有用户都会喜气洋洋，被女神和红包所吸引。

所以设计风格的关键词是喜庆、时尚、女神、活力，所有的页面元素也是基于此来进行的。

（2）人物素材拍摄

在开始设计前，我们根据交互稿设定了一些人物动作、动画和视频，大概每个人有8个动作，以及1个gif和1个四人同框的视频。但是，由于后期设计的时候又改了方案，所以只用到了其中一部分。前期准备总会和后期设计有些出入，所以在拍摄素材时尽量多拍一些可能会用到的动作，以备不时之需。

（3）氛围营造

前面提到设计风格的定位是：喜庆、时尚、女神、活力，用真人和参半风格混搭，在颜色的选择和元素的刻画上均偏向于年轻和时尚的春节气氛，元素中还加入了棒棒糖和气球，用一丝丝甜蜜来突显领取女神红包的幸福感。其次包括书法字体设计，减少书法特有的苍老和潇洒，勾勒出比较有力量和年轻的笔触。图 2-127 所示是最初的方案。

图 2-127　最初方案，选择其中一位女神领取红包

　　由于后期对方案重新做了调整，每个女神和商家轮流发红包，连续7天，交错时段发放，所以页面中的女神均是1人，所以页面的设计也重新做了优化，如图2-128所示。

图2-128　女神发放红包时段——PC端页面

商家发放红包雨的PC端的页面如图2-129所示。

图2-129　商家发放红包雨时段——PC端页面

（4）移动端变化

　　当然都会有对应的移动端设计，PC端和移动端是同步进行的，将PC端转换到移动端时要根据屏幕大小和加载速度减去很多背景元素，尽量让页面简单化，但这样并不会减弱氛围感的营造，确切地说，在空屏幕比较小的移动端创造节日气氛反而会更容易些。同样的功能在不同终端需要因地制宜地设计，图 2-130 所示中第一排是女神红包预告页面，第二排是女神正式发放效果。

图 2-130　女神发放红包时段预告——正式发放移动端页面

商家红包都使用同一页面，只需要替换商家 LOGO，并采用移动端红包雨的普遍形式发放，用户点击屏幕来抢红包，这种形式方便替换和维护，而且比较高效，如图 2-131 所示。

任何运营页面的风格都有它的原因和根据，第一步就是要主动去了解和挖掘，这样才能更好地创造和发展。一个运营活动页面由字体设计、产品与内容、背景组成。细节处理的手法可以从以下维度来设计和评价，如图 2-132 所示。

- ❏ 风格：拟物、扁平、参半、高端、潮流……
- ❏ 素材：配套、精修、延续……
- ❏ 构图与节奏：外形、平衡、简洁……
- ❏ 色彩与光线：环境光、色温、高光……
- ❏ 对比：主次、大小、疏密、轻重、明暗……

图 2-131　商家发放红包时段——移动端页面

图 2-132　页面视觉评价维度

　　这些只是一些为页面添彩或者不让页面出错的方法。但是设计师结合产品特性对潮流和时尚的捕捉和把控，生动有效地做出具有创新和沉浸感的设计才是最重要的，也是比较困难的。当然在追求创意和沉浸感的同时，也要兼顾细节，细节决定一个页面的气质和态度。如果把一个页面比作一个有情感、有思想、有行为的人，有自己独特和精致的外在，也有丰富的内涵和故事，从而形成一种能够吸引眼球的磁场。

　　看似自然、打动人心的设计，灵感来源其实常在设计之外。比如经常看设计类的杂志和网站，别人的作品可以启发一些思路。设计灵感爆发的前提是大量知识的积累，完成设计需要热情和毅力，更多需要对自己作品的期待和热爱。对设计师来说，知识面很重要。对一切事情保持好奇，不能盲目进行。只有将这些最基本的设计工作做好，才能产生好的品质，在此基础上产生源源不断的商业价值。

2.6　SUPER VIP——迅雷超级会员 LOGO 品牌运营设计

品牌是一种个性化的创造，要区别于各种类型的产品，且易于识别和记忆。为了让品牌和它特定的市场联系起来，就需要具体化并且引人注目，把品牌特质转化成可视的形象，出色的设计师既能捕捉到品牌个性，又能把品牌的接触点转化成用户体验，还能成功地平衡好它们的专业性和趣味性。接下来我们一起深度剖析迅雷超级会员的品牌运营设计。

2.6.1　迅雷超级会员品牌设计定位

迅雷会员体系包括普通会员、白金会员、钻石会员。迅雷的基础架构采用云下载技术，为广大用户提供全方位加速的增值服务，VIP 会员可享受更多功能和特权，主要有离线下载、高速通道、安全特权等 32 个特权！

超级会员取代钻石会员，打造出迅雷会员更尊贵、更荣耀的高端品质。集合白金会员、快鸟会员和网游加速会员三大会员身份。从而形成新的会员体系：普通会员、白金会员、超级会员。

怎样定义好迅雷超级会员的品牌特性？确立好超级会员的关键词是第一步：尊贵、荣耀、品质、高端。接着我们就开始一步步将这种品牌特质和产品属性结合起来并具象化。首先设计其 LOGO 图形。

1. 迅雷超级会员 LOGO 图形

迅雷超级会员是在迅雷会员基础上的全新升级，是为满足用户对个性和品质的更高追求而推出的一项服务，是迅雷会员的 SUPER VIP。对于" S "符号，人们最熟知的便是超人（Super Man）了，所以通过" S "很容易联想到超级、Super。提取英文首字母 S 进行再设计，化繁为简，并将此会员的"强大功能"通过力量的形式融入超级会员的标识中。相较于圆形和巨型，最富有力量的图形是三角形，所以整体由 6 个等边三角形组成，用更简单、更有活力和更高品质的样式让它变得好看。

字体标识是设计的语言，在这个符号的背后，意味着超级会员的尊贵，包括对品质的追求和它的独一无二。字体 LOGO 在"S"的设定中，不去追求那些奇异的事物，而是从人们共有的认知中提取价值，用最自然、最合适的方法来传达"S"这种概念。字体设计时也展示了"S"的印记，从而形成两者的节奏一致的品牌标识。设计师领悟生活的所见所闻，通过每一个方案的取舍、每一个细节的处理把它带入设计。

超级会员 LOGO 图标和字体设计最终效果如图 2-133 所示。

图 2-133　超级会员 LOGO 图形和字体设计

2. 超级会员品牌色：黑与金

黑色神秘、庄重、高雅、暗藏力量，金色象征高贵、光荣、辉煌，故而超级会员使用黑色和金色作为主色调，如图 2-134 所示。这在迅雷会员体系里并没有出现过，是一种新颖别致的品牌调性。而且色彩的对比带出的力量感总和高雅相伴，形与色彼此相融合，超级会员的尊贵更容易显现出来，如图 2-135 和图 2-136 所示。

3. 迅雷三大会员 LOGO 重绘和优化

由于一些历史遗留问题，迅雷会

图 2-134　超级会员标志品牌色

员的品牌感比较混乱，借此超级会员发布的机会重绘 3 大会员 LOGO，重新优化了迅雷会员的视觉体系，如图 2-137 所示。品牌色、图形、质感都重新调配，更统一的同时增加了辨识度和荣耀感，如图 2-138 ～图 2-140 所示。

图 2-135　超级会员标准标志

图 2-136　超级会员横向标志

普通会员　　　　　　白金会员　　　　　　　钻石会员

图 2-137　三大迅雷会员 LOGO 改版前图标标志

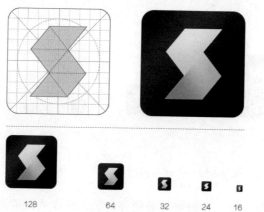

128　　　　　　64　　　　32　　　24　　　16

图 2-138　超级会员标准图标

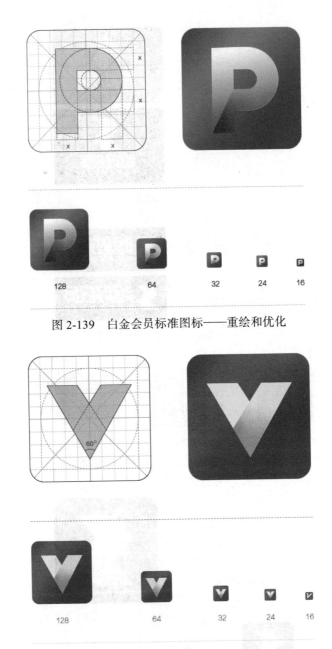

图 2-139　白金会员标准图标——重绘和优化

图 2-140　普通会员标准图标——重绘和优化

品牌也是一种文化，不但要具备精神内涵，还要从营销策划、促销活动、广告宣传、客户关系等各个方面进行整合，让用户能够体会到品牌的精神、个性和文化内涵，还要借助典故、故事、仪式和人物等文化载体进行传播，比如可口可乐的诞生传奇、联想的创业故事、海尔的砸冰箱故事等，这让品牌文化鲜活和生动起来，凝聚具有忠诚度的品牌消费群体，并形成以品牌来连接的品牌文化。

2.6.2 迅雷超级会员品牌的运营推广

品牌运营很多体现在运营活动上。迅雷超级会员的运营活动不单单是一个或两个专题页面，而是一套完整的品牌形象活动策划。从品牌定位到策略，视觉设计深入到品牌的每一个接触点的细节，如 LOGO、字体设计、Slogan、预热页面、官网发布页面、公仔实物等，目标在于让你无论何时何地接触到该品牌，都会留下一致协调的品牌印象。如果品牌协调性模糊会造成不易识别，延续和统一性较弱，没有特色，在长期的营销策略中会逐渐失去市场竞争力。所以，要根据自己的品牌特征，用富有创意和一致性的方式去表达品牌活力，给用户一个购买它的理由，显得尤为重要。

超级会员高于普通会员和白金会员，每个会员都有自身的尊贵之处，区别在功能、视觉符号、运营策略等方面。超级会员是比其他两个会员更尊贵的一种存在，服务于高端用户。所以，一开始我们就想打造一个坚实的品牌形象，并能突破迅雷会员以往的品牌理念，形成自己独有而强大的品牌记忆点。

前期会挖掘目标对象，对竞品进行分析，对用户进行调查研究，紧接着做一系列方案策划，我们不只是提供几个方案来选择，而是尝试找到一种我们认为在战略上具有创造性和可行性的方法，这样会在有限的时间内更有效地执行创意方案。

1. 超级会员预热与发布页面

超级会员的预热和发布分两步完成。第一步是预热页面，原型图如图 2-141 所示。这是一个排版简洁、信息量较少的专题页面，甚至很空的画面，所有内容均在一屏显示，适当冒险打破平衡，争取达到视觉上的惊艳。还可以加入动画，将静物转化成生动活泼的"生命体"。

特权王者
11.17强劲爆出

剩余：7天18时45分45秒

图 2-141　超级会员预热
页面原型图

首先进行需求分析和设计分解。

主题分析：超级会员的预热页面是第一次面向用户公开亮相，所以显得尤为重要，无论是视觉还是呈现方式都会影响到人们对它的第一印象。设计专题页面时延续了超级会员的品牌定位：无比尊贵、高级品质的理念。

文案切入："特权王者"这个关键词带有神秘感，而且第一次公开面世，不禁会联想到有个霸气无比的身影从天而降，看不清它的具体形象，通过轮廓表现出来这种气势。

主题元素：王者形象设定和超级会员 LOGO 的结合。王者形体使用迅雷原有的公仔轮廓，褪去各种细节留下外形和轮廓。参考游戏页面的风格，设计一个黑金风格的形象，如图 2-142 所示。

图 2-142　创意参考方案

为了整体营造一种有力量、神秘的氛围，页面中用色彩的丰富度和材质带出玩味感和立体性，如图 2-143 所示。在页面出场效果上，分了三步骤：

❑ 打破黑暗前的宁静。

❑ 王者从天而降地爆出。

❑ 超级会员 LOGO 随着火光出现。

预热页面具有一定的神秘感，并没有告诉用户具体是什么产品，预热到第

图 2-143　超级会员预热页面——发布效果

7 天才放出超级会员的 LOGO 和正式页面。超级会员正式发布页面是新加在会员官网的一级导航栏目中的，既要与官网的风格保持统一，也要有超级会员自己的品牌记忆和识别度。在一个新产品还未扎根在用户脑海中时，不宜做跳脱一致性的尝试。所以，在 Banner 处延续了超级会员的 LOGO 风格并介绍了超级会员的四大包月特权，如图 2-144 所示。

2. 超级会员嘉年华页面

超级会员嘉年华页面是超级会员后期品牌运营推广的典型案例，很好地诠释了超级会员品牌运营推广的特色。黑与金搭配出金属感与高级质感，并在主题文案周围用了一些元素增加画面的氛围感。这次背景色并没有全部使用黑色，而是利用首屏背景的线条网状的透视感搭建出三角形状，一方面引导用户视觉向下，另一方面通过切换颜色分割背景，让整个页面不会太黑以至于造成用户心理上的

压抑。第二屏以下的内容，比如"会员特权"和"活动规则"用于阅读的文案较多，所以背景比较适合用亮色来衬托。在设计移动端时根据其特殊性做了调整和适配，如图 2-145 所示。移动端页面如图 2-146 所示。

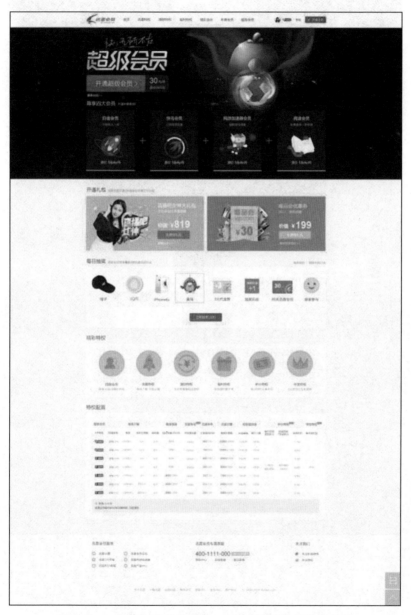

图 2-144　超级会员正式页面——嵌入迅雷会员官网效果

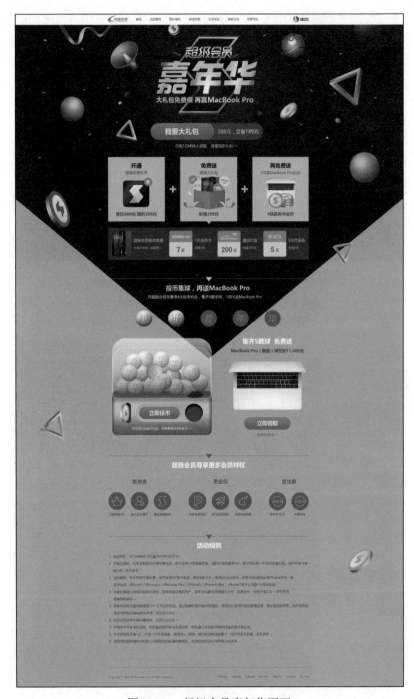

图 2-145　超级会员嘉年华页面

图 2-146　超级会员嘉年华页面——移动端效果

2.6.3　品牌文化建立与影响

品牌不仅是产品的识别标志，更代表着公司的文化形象。品牌引起的情感反应，是品牌的长期价值，而要建立起这种价值，就要建立品牌和用户之间的情感联系。所以，要打造属于超级会员的产品 IP，文化就变得必不可少。

1. 公仔形象定位

超级公仔的形象定位是在不断地设计探索中挖掘出来的：反差萌。为什么会这样定位？

反差萌是指 ACGN 人物表现出与原本形象不同的特征或多种互为矛盾的特征同时存在。这两种或多种萌点相互矛盾，产生反差却又相互衬托。表现形式多种多样，可大体归纳为时间空间反差，性格反差，外貌形象反差等。

超级会员在前面的品牌塑造中的质感是比较硬朗和高级的，想要在超级公仔的设计上形成一种反差萌，表现出与一开始超级会员出场时不相同的姿态或者属性，这种新的尝试说不定能营造出一种新的超乎意料的体验和萌点。

以迅雷蜂鸟为原型，性别男，外表萌萌哒，内在高冷而性感。"萌"通过外形表现，圆润单纯，更接近动物本身的特色，没有过多的拟人化；"高冷"通过它的眼神和外包装来传递，并使用迅雷品牌文化中常见的黄色和蓝色作为主色调，黄色公仔命名为 Xun（中文名为：迅迅），蓝色公仔命名为 Lei（中文名：雷雷），这样有足够的品牌记忆点与市面上的公仔形成差异化，如图 2-147 所示。

图 2-147　超级公仔 Xun 和 Lei——平面图

为什么要做两只不同颜色、同样外形的公仔呢？一方面是为满足后期的营销策划：开通半年的超级会员赠送一只，开通一年的超级会员赠送两只；另一方面，两只公仔像一对兄弟，显得更热闹，且没有单只出现时的冷清。比如 Line Friends 在亚洲的影响力非常强大，2014 年腾讯推出了 QQ Family，造成的影响力远比从前的一只 QQ 公仔要大得多。所以，超级公仔这样设定的目的就是为将来的扩展做好充足的准备。

这样的反差萌更容易让儿童和年轻的用户接受和喜欢。我们曾经针对迅雷用户做过一项调查，数据显示有 80% 的用户是 80 后（25 ～ 36 岁）的白领，他们一般都有家庭，所以这样的公仔不仅可以自己留作纪念，还可放在家里给老婆和孩子。事实上，超级公仔发放后赢得了很好的反响，年轻用户和儿童都很喜欢这种 Q 萌的造型，收到这种具有纪念意义的礼物，大多都会形成二次传播——朋友圈分享。

2. 平面形象转化为实体产品

在 3D 建模时需要重新思考和改变，对建模工程师的要求会更高，需要有视觉设计师的艺术修养和能力。在第一次建模中很快就遇到了很大的困难，在一周内迅速反馈和优化，历经 5 次修改，最终定稿。中间经历了无数次的沟通，需要到远在异地的厂家与雕刻师傅当面沟通和确认每一个细节。由于生产中遇到的各种随机因素，导致成品和建模效果存在些许差距，并没有完全达到设计师追求的完美效果，但整个环节都是设计师亲自跟进，把关每个环节和细节，尽量让最终产品达到预期的效果。

经过此次从平面设计稿到实物的过程，基本搞清楚了如何让最终产品达到预期效果这个问题，总结出以下几点：

❑ 现状调查研究。

❑ 咨询专业人士。

❑ 遵循生产流程。

❑ 实时反馈和优化。

超级公仔的效果如图 2-148 ～图 2-150 所示。

图 2-148 超级公仔 Xun 3D 建模——三视图（一）

图 2-149 超级公仔 Lei 3D 建模——三视图（二）

图 2-150 超级公仔效果图

包装盒的设计、生产、优化也在同时进行，最终效果如图 2-151 所示。

图 2-151　包装盒效果图

Xun 和 Lei 都是超级会员的专属公仔，用于赠送和答谢超级会员用户，非超级用户场景均不可擅用，这是为了保持超级会员的尊贵和荣耀的一贯品牌属性。

3. 超级公仔运营推广

超级公仔首发，仅限在该页面开通半年超级会员时送 1 只，开通 1 年超级会员送 2 只，如图 2-152 所示。在第二屏介绍了超级会员的四大包月特权，第三屏可 360 度查看超级公仔的外形，第四屏强调了超级公仔专属于开通了超级会员的用户。在设计风格上延续了超级会员高级的品牌特质，并邀请了当时《直播吧女神》项目组中人气最高的女神做代言人。女神手心里捧着肉萌的超级公仔，让整个画面更富有收到新年礼物的幸福感和甜蜜感。美女与公仔相配会增加产品本身的魅力值，美好的事物更容易引起人们的关注和喜欢，而且整个页面的色调高级中略带活泼，一切就没那么高冷，而且又贴近生活。

将公仔的设计初衷——反差萌代入到页面中，我们的用户更多的是成熟的男性用户，所以这种运营策划无疑是通过一种创意和惊喜满足了超级会员对高品质的消费需求。由于公仔生产工期较长，标题和文案会不定期变化，所以直接用了可编辑的字体，方便修改，在外面加了礼物盒的线条来衬托。并不是所有的专题页面都需要字体设计，需要根据具体情况来判断，保证商业价值与艺术品质，同时提高页面的灵活性和随机应变的能力，最后出来的效果同样很高级。

对应的移动端页面根据具体情况重新做了调整，在手机第一屏突出强调了主题文案、产品和开通 BUTTON。背景底色用了纯黑，一方面是为了减少页面的加载时间，另一方面是为了延续超级会员的品牌色，最终整个页面的风格很好地诠释了超级会员公仔的品质感与活泼的特点，如图 2-153 所示。

图 2-152　超级公仔发布——PC 端页面

图 2-153　超级公仔发布——移动端页面

4. 品牌应用——中秋月饼盒包装设计

在 2016 年的中秋月饼礼盒的包装设计上推出了超级会员纪念版（见图 2-154），仅赠送给迅雷公司内部员工及其家属，以及所有战略合作伙伴。

图 2-154　中秋节月饼盒平面设计图

月饼盒的设计理念延续了超级会员的黑金品牌色，又加入了浓浓的思念之情，这种思念漫过山谷、笼罩你我，在浪漫的月圆之夜迅雷与你不期而遇。

月饼发放后，被员工和外界高度评价，连续几天在朋友圈中被刷屏。图 2-155 所示是最终效果图。

图 2-155　中秋节月饼盒实际效果

超级会员一推出就取得了很好的成绩，用户人数猛烈增长并具有持续性。根据后期对用户的调查和用户在其他迅雷项目平台的行为显示：大多数开通超级会员的用户看重的是它的尊贵与荣耀的品牌文化。这样的结果基本达到我们一开始的品牌运营设计的设计目标。

2.7　H5 转化与传播率的分析与思考

H5 是非常有效的推广运营方式，2013 年时只有行业内部人士才知晓，而四年后的今天，H5 已然成为移动互联网营销中最火热的媒介载体。那么，如何利用这种媒介载体制作出一个高转化率与传播率的营销案例呢？

2.7.1　一个炫酷好玩的案例

近两年中，"炫酷好玩"几乎成为 H5 的一个热门标签，各大品牌也纷纷以此为噱头制作各种吸人眼球的案例。一时间，内容是否好玩或者炫酷成为衡量一个 H5 品质优劣的默认标准。我们暂且抛开这种固有的标准观念，通过理性的分析看看是否炫酷好玩的案例都具备优质的转化率 / 二次传播率。

首先，我们可以先回忆下我们曾经都见过哪些炫酷好玩的案例，同时再将以下两个问题带入到我们的思考中反问自己：

❑ 真的有你想要看到或者需要的东西吗？

❑ 你愿意花多少成本为之分享呢？

1. 真的有你想要看到或者需要的东西吗？

说到炫酷好玩，相信大家对 2015 年"吴亦凡即将入伍"的案例并不会太陌生，"吴亦凡即将入伍"以颇有噱头的创意和优秀的节奏控制给大家带来一次精彩的感官体验。

那么，现在我们需要抛开现象分析本质。吴亦凡案例的实质是借助吴亦凡为《全面突击》手游进行推广，其目的是为手游 APP 拉下载量和新增用户，同时也是对 IP 的认知度的推广。

《全民突击》是腾讯制作的一款 3D 枪战手游，发行于 2015 年。游戏结合了 FPS 和 TPS 等射击模式。以定点瞄准射击、躲避掩体为游戏的基础操作，同时在 PK 模式增加了自由移动射击的操作体验。玩家在游戏中可以培养角色、佣兵，升级武器和载具，还可以在战斗中使用道具、雇佣好友一起参战。

《全民突击》的用户群体主要是 12 ～ 25 岁的男性用户，而吴亦凡案例的浏览量 72% 来自于女性用户群体。一位典型女性用户的操作行为旅程图如图 2-156 所示。

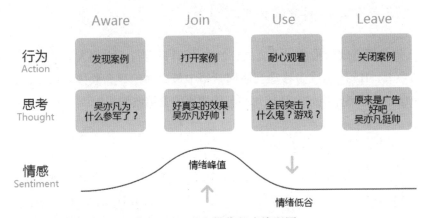

图 2-156　用户操作行为旅程图

通过旅程图的分析可以得知，72% 的女性用户会被"吴亦凡"和"参军"这两个关键词吸引而点开案例，同时会在看到内容效果的第一时间达到情绪的峰值，这些都是吴亦凡明星效应结合模拟来电效果产生的心里映射。当女性用户继续向下观看时会发现这其实是个枪战类的手游广告，那么逐渐的，内容开始失去吸引效应时，情绪也回落到低谷值。

即使到了案例结尾部分，也很难转化这部分女性用户，因为H5的目标用户需求和实际观看的用户的需求有偏差。

2. 你愿意花多少成本为之分享?

朋友圈分享的操作看似简单，背后其实有着复杂的心理环境因素。微信朋友圈是个社交工具，对社交互动双方有价值的社交行为才会被彼此认可，反之则会遭到反感，当反感累积到一定程度时则会被屏蔽。所以，当你选择的分享内容不能给对方带来价值或认可时，那么这条朋友圈的内容是有成本的，成本来自于你在这个社交圈内建立的认可度，这也是为什么微商、代购等群体发的内容在朋友圈很难得到自发性的二次传播。因为他们分享的内容在消耗朋友圈内部的信任和认可。所以，当一位女性用户进来后还愿意分享的概率会相对较小。图 2-157 所示是女性用户心理旅程。

图 2-157　女性用户心理旅程图

但吴亦凡案例这么受欢迎，是因为，制作团队对整体效果以及节奏的把控非常出色，加上新颖和流畅的体验让用户印象深刻。相较之下，之后的几款（见图 2-158）相似度极高的 H5 却未能到达这个高度。

《乐事：猴年猴会玩，把乐带回家》　　《卫宝：白百何给你一个惊喜》　　《百事可乐：乐闹回家》

图 2-158　相似的 H5 案例

《乐事：猴年猴会玩，把乐带回家》《卫宝：白百何给你一个惊喜》《百事可乐：乐闹回家》等都不缺乏明星坐镇，更不缺乏炫酷的交互，但传播效果和转化都一般，都没有达到吴亦凡案例的高度。由此可以判定，市场的传播效果好坏与明星代言和交互玩法并不构成因果关系，吴亦凡案例之所以这么受欢迎，很大程度和人们的新鲜感知有关，一旦这种类型再出现第二个或者第三个，就很可能无法达到之前的市场效果。

炫酷好玩对一个 H5 案例固然重要，但当你希望它能产生更多的价值时，还需要从更深层次的原理出发，思考如何将目标用户需要的东西呈现在他们眼前（转化率）？什么样的内容能被分享（二次传播率）？

2.7.2 将目标用户需要的东西呈现在他们眼前

如果你在开始的三分钟内没有让大家觉得有趣，就是你的失败。

——暴雪 SVP 创意部门 Chris Metzen

是的，没有人愿意把时间浪费在自己不感兴趣的事物上，就像没人会为不好吃的食物买单，没人会掏钱看一场索然无味的电影，更不会有人愿意耐着性子看完一份抓不到重点的 H5 案例。

如果你想让自己的创意得到其他人的关注和认可，首先你得在尽可能短的时间内抓住他们的注意力，H5 也不例外。

我不会直接告诉你也无法告诉你，你的目标用户会需要什么。这么具体的内容你得根据实际情况做更有针对性的判断。但是，这里有 4 个小技巧能从侧面帮助你将目标用户需要的东西呈现在他们眼前。

技巧一：逻辑清晰，内容简洁

1956 年，乔治·米勒对短时间记忆能力进行了定量研究，他发现人类头脑最好的记忆状态能记录下 7±2 项信息块，在记忆了 5 到 9 项甚至是更多的内容时大脑就容易出错。所以，如果你不希望你的目标用户在读到一半时就出现不知所云的状态，那么你最好在一开始就清晰地规划好你的内容逻辑，尽可能保持在 5 到 9 页。

还有一点也非常重要，如果你的页面内容过多和烦琐，也会影响页面的初次加载效率。平均加载超过 5 秒的案例会有 74% 的用户跳出并流失。

技巧二：合理控制字号

随着移动端媒介的发展，移动阅读体验逐渐被重视。平均每人每天的阅读时长为 30 分钟左右，你的内容是否满足移动阅读体验就成为一个基础门槛，如果用户看不清或者看着吃力，跳出率会高居不下。

20 ～ 50 岁之间的合适阅读距离为 48 ～ 50cm，可接受的最小字号为 24pt 左右，提供舒适体验的字号在 32pt 左右。经测试，同一篇案例，经过调整字号后的内容，平均每页停留时长能提升 1.5 ～ 2 秒。

技巧三：不要过早暴露你的目的

一般的电脑厂商会以这样的口吻来销售自己的产品："我们做世界上最棒的电脑，设计精美，功能强大，且界面友好简单。想买一台吗？"

是否当他开始介绍设计精美的时候就已经不想再继续听下去了？为什么？因为这些陈词滥调早已让你失去兴趣。那么，我们不妨再看看苹果公司是怎么说的："我们做的每一件事情，都是为了突破和创新。我们坚信应该以不同方式进行思考。我们挑战现状的方式是把我们的产品设计得无可挑剔，像艺术品一样值得被拥有。这就是我们对新一代电脑的追求，想买一台吗？"从这两个案例可以看出，过早暴露自己的目的不好。

这也许就是商业价值和用户体验价值做到比较令人满意的平衡后所产生的内容。所以，在情况允许的条件下，多斟酌商业价值和用户体验价值的平衡也许是留住你的目标用户最有效的一招了。

技巧四：让有触发行为的按钮足够醒目易懂

利用最少的时间辅助用户做出最合适的决策能大大降低用户的试错成本，正如菲茨定律中所提到的，从一个起始位置移动到最终目标所需要的时间由两个参数来决定，即到目标的距离和目标的大小。

在图 2-159 中，普通的用户在右边样式按钮的平均停留时间比左边样式按钮要少 0.5 秒左右。

同时，带有触发行为的按钮样式也影响用户的决策成本，减少用户的决策成本也是减少用户在当前页面流失率的有效办法之一。

不带icon提示的button样式　　　附带icon提示的button样式

图 2-159　按钮 icon 提示示范

2.7.3　什么样的内容才能引起分享？

2016 年 7 月 10 日一则来自 Pokemon Go 官方 Twitter 的发言令整个中国区的游戏玩家陷入了无比的焦急之中，"中国的玩家你们好，我们已经紧急修复了一个让中国玩家可以玩到《Pokemon GO》的 Bug，现在已经恢复到不能玩的状态了。给大家添麻烦了很抱歉！"可就在短短几天后，朋友圈里却陆陆续续地晒出了大家在游戏中抓到宠物的截图。原来大家都迫不及待地要体验这款风靡全球的 AR（Augmented Reality）游戏，哪怕是通过翻墙的手段。

上面所描述的这段场景充分地展示了这款游戏的魅力，可为什么大家又会在短短的几天内不约而同地晒出"成果"呢？在分享心理学上，我们把这种行为背后的驱动诱因定性为"自我标榜"和"拓展/维持社交关系"。前者是分享者通过将结果公布于众，从而博得外界的认可和即时成就感。而后者是分享者也希望通过得到外界的认可后能逐渐建立起或继续维护在这个社交圈内的关系链。

所以说，分享心理驱动因素能更好地帮助我们找出那些值得被人追捧和分享的内容。那么，我们首先得了解"分享"和"人类基础需求"的关系。

图 2-160 所示可以看到马斯洛原理结构图和分享状态结构图的关系成负相关关系。

从图 2-160 中我们可以看出处于马斯洛金字塔的顶端的人只是少数，但他们对分享的需求却达到了最大值，二者负相关。也就是说，"分享"实则是一种高层次的生活需求，人们在生理需求被逐渐满足后才会慢慢开始对"分享"的追求。这类高层次需求具体化后可以划分为图 2-161 所示五个类别。

因为标榜自我和拓展/维持关系前边介绍过了，故这里仅对余下 3 种进行简单介绍。

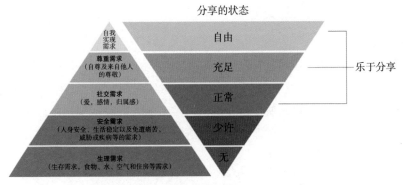

图 2-160 马斯洛金字塔与分享状态的关系

图 2-161 五种内驱动分享因素

1. 利他

利他主义，通过分享对自己或者他人（大多数为后者）有利的事物来获得大家的认可和信任，同时也实现了自我的价值。目前比较常见的带有分享经济属性的案例（比如各类打车软件的红包福利）都是在利他。

2. 呼吁或倡导

分享者通过分享自己对某事件或观点持有的态度（支持或反对），同时呼吁 / 倡导其他人能和自己一起对这些事件和观点保持相同的态度。这类的案例以心灵鸡汤、实事新闻（例如马航 M375 失事事件）居多。

3. 自我实现

与标榜自我有类似之处，标榜自我是以其他人为对象，而自我实现是以自己为对象。通常在完成了一件让自己觉得能力和潜力得到了发挥的事情，又或是自己的价值得到了体现的事情（偏主观意识）时，自我实现感最强。

2.7.4　四种受欢迎的 H5 类型

1. 游戏类

《孤独实验室》是陌陌和贾樟柯导演一起合作的案例（见图 2-162），是 2015 年下半年最有噱头的 H5 之一，以百万的参与量席卷朋友圈。其内容是通过连续的测试题来甄别操作者的孤独指数并定位同类型的人群有多少，先让用户找到共鸣点，然后通过标榜自我的心理驱使用户进行分享，博得认可或者在其社交体系中完善自我形象。

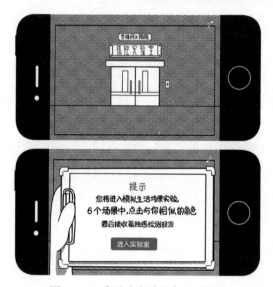

图 2-162　《孤独实验室》H5 截图

测试 / 游戏类 H5 需要极其简单的规则让用户能在第一时间理解并参与进来，页面首屏和最后一屏的平均停留时间比中间页面平均停留时间长。按钮在第一屏的点击率最高，第二屏开始依次骤减，到了最后一屏又会有所回升。因为在中间页的任何点击以及点击之外的行为都在增加用户的操作成本，往往会导致用户忽略或者流失。

2. 故事类

相信大家一定看过《猫和老鼠》的动画，我们不妨回头思考下，在现实生活中人们是讨厌老鼠的，并且坚信养猫能用来对付讨厌的老鼠。但是，在动画中树立起的形象却是，每当杰瑞（老鼠）开始戏弄汤姆（猫）时，才是人们最乐于看到的场景。如此的反差，通过故事的包装就能转变人们在现实生活中对老鼠反感的态度，这就是讲故事的力量。

《首草先生的情书》也是一个会讲故事的好例子（见图 2-163），前文通过描述对妻子的愧疚博得用户的同情和感动，末尾将主打的产品包装成是对妻子的补偿来赢得最终的认可。确实很符合阅读用户的心理场景，同时能让用户产生共鸣并转化。

图 2-163 《首草先生的情书》H5 截图

如果从传播学的维度来进行分析，一个故事类型的 H5 应该拥有性格鲜明的角色，矛盾化的剧情，视觉渲染的主题背景等。这些元素的组合搭配就是为了让用户更有代入感，能让用户产生共鸣并且建立信任。

3. 鸡汤类

为什么鸡汤类的文章在朋友圈的转发量总是居高不下？不得不说心灵鸡汤准确地抓住了那些情感相对脆弱又缺乏理性的群体。用一个简单而生动的故事让人产生信任感和共鸣，然后用精神胜利法来鼓舞人们的情绪。当感性思维的人受到感动或者鼓舞时就会增强分享的欲望，他们也希望能被人理解。

《我的深圳下雪了》就是这么一款能瞬间点燃用户内心那份感动的 H5（见图 2-164），通过描述异乡人在外打拼的场景，唤起用户的归属情怀。在深圳这种绝大部分都是异乡人的城市，能很快找到大量的共鸣者，二次传播的效果自然不俗。

图 2-164 《我的深圳下雪了》H5 截图

4. 创意视频类

人们总是会被新鲜好玩的内容所吸引，而这类吸引眼球的内容一般有这么一个核心要素：矛盾。一部好的电视剧或者好的电影往往充斥着各种明的或暗的矛盾，平淡无奇的剧情根本无法让人印象深刻，我们一般把这种矛盾称之为"戏剧性"。

我们不得不说的《Next idea x 故宫》和《薛之谦史上最疯狂的广告》都是优秀的代表作，从它们的命名结构上来看就已经拥有了"戏剧性"的要素，"Next idea"与"故宫"是一对矛盾，"薛之谦"与"史上最疯狂"又是另一对矛盾。内容都是精心剪辑和设计出来的，从古画中跳出来的皇帝到刷朋友圈；从现实中的真人角色到漫画中的虚拟角色；无一例外都是充满了各种丰富的矛盾体，再加上精良的配乐和视觉，很难让人不为之称赞，这也是为什么它们能频频获得二次转发的原因。

移动营销类 H5 是近几年 H5 应用的一个缩影。移动端 HTML5 标记语言在未来商业中的价值是不可小觑的，目前仅仅只是建立在静态的阅读场景上，未来当 ibeacon、AR 等元素融入进来时，我们相信会出现更多动态化、移动化的场景体验。

第 3 章

互联网品牌设计

3.1 迅雷品牌的铸造和传承

　　品牌设计是一种个性化的创造，要区别于各种类型的产品，且要易于识别和记忆，好的品牌设计始于创造一种独特的个性特征。为了让品牌与它特定的市场联系起来，这个品牌需要具体化并且是引人注目的，把品牌特征转化成可视的形象也是设计的魅力所在。

3.1.1 企业品牌的铸造

　　企业品牌是在企业成立初期设定的，通常都与它所提供的特定产品或服务相联系，在随后的经营过程中，不会轻易调整。企业品牌应当与产品专属领域密切相关，便于客户形成清晰的认知。丰富、凸现企业品牌的内涵是一个长期的过程，需要企业予以重视。

　　标志 LOGO 是品牌形象的核心部分，它由简单、显著、易识别的形象、图形或文字符号构成，具有表达意义、情感和指令行动等作用。标志设计属于图形设计，与其他图形表现手法既有相似之处，又有不同。标志设计要简练、概括，要求十分苛刻，要完美到几乎找不到更好的替代方案，其难度比其他任何图形设计都要大得多。因此，一个企业品牌标志的设计也是企业严谨态度的体现。好的标志设计，一般会从三个方面入手：定义、图形、色彩。

1. 迅雷品牌标志的定义

我们只有深入了解企业的行为特征和核心竞争力，才能找到一个恰当的视觉图形符号作为品牌的图形标志。每个企业的文化、定位、环境不同，可以采用象征性、比喻性、故事性等手法，使企业抽象的精神与理念，通过一个视觉载体表现出来，寻找的过程就是品牌定义的过程。

迅雷的前身是三代科技开发有限公司，它于 2002 年年底由邹胜龙先生和程浩先生于美国硅谷创建。2003 年 1 月，三代科技回国发展，并于 1 月 29 号正式成立三代科技中国运营中心。三代科技立足于互联网的内容传输和下载，三代科技将传统的服务器多线程下载和新兴的 P2P 技术相结合，开发出"迅雷下载客户端"，解决了服务器资源瓶颈和 P2P 传输的不可控制性的弊端，为互联网用户带来亚秒级的下载速度的同时，也对下载用户的安全性和内容发布的可监控性提供了牢靠的保障。在用户寻找下载资源上，三代科技首次提出了"搜索得到即下载得到"的新概念，并应用于"迅雷在线下载引擎"。"迅雷在线下载引擎"依靠自身庞大的下载引擎数据、亚秒级的反应速度、庞大的服务器集群，接受来自各个地域的下载请求，并把每一次下载过程纳入数据库，形成下载越多结果越准确、下载速度越快的良性循环，一改传统搜索模式中搜索到数十乃至数百相关结果却很少能下载的局面，为中国互联网乃至世界互联网的下载应用相关行业树起了一面旗帜。

为了体现我们的传输速度，用到了一个中国人耳熟能详的谚语："迅雷不及掩耳之势"，以此加强品牌记忆。迅雷标志的要求也应运而生：第一，要体现我们是以"三代科技"为背景成立的公司；第二，要体现我们的数据传输速度之"快"。

2. 迅雷标志的图形设计

在确定了标志的定义之后，我们要开始图形设计了。图形可以分为具象、象形和抽象等种类。具象标志在选择题材时，要尽量采用那些人们熟悉的元素，并在此基础上个性化。熟悉的元素能牵动人们的视觉神经，引起共鸣，是产生深刻记忆的基础。象形标志，是在具象标志的基础上开始简化，提炼特征形态符号来传达企业的关键信息。抽象标志图形是留下一部分想象空间给观众，制造标志的好奇感。在品牌标志的设计中，三种方式混合搭配，会产生更加别致的效果。迅雷的标志设计就是一个混合型的案例。

迅雷标志要体现"三代科技""快"的含义，能代表"快"的事物很多，比如飞机、火箭，甚至穿越时空的 UFO，但是"三代互联网"这个含义确是比较难处理的，因为"三"任何公司都可以使用，不能成为迅雷专有的符号，因此我们把重点放到了"三代互联网"的含义体现上。

从图形上看，"三"更符合标准的正方形形态（见图 3-1），在标志设计中，最终设计的图形在形状上要尽量有一个大致的要求，因为最终的标志都将应用在实际场景中，比如公司的背景墙、企业文档、网站等，而且会与一些文字进行组合搭配，因此图形规则程度较高的标志会优先列为备选方案。

图 3-1　关于"3"与"三"的图形分析

基础形态有了方向后，就要把"快"的理念体现出来，具象的飞机和火箭等是"高速"的代表，与迅雷公司并没有直接的联系，所以不能直接使用。大自然也许能给我们一些灵感，所有行动快速的动物，都具备一个"加速"的功能，比如海豚的头部和鸟类的头部都是一种形态上的收缩，这样的形态能减少空气和水流的阻力，我们的设计也借鉴了这一点。再加上我们是一家科技类的公司，自然要加入一些代表科技感的元素，这里我们选择性地参考了一些"UFO"元素，经过形态上的优化调整，才有了迅雷的标志，如图 3-2 所示。

3. 品牌对于色彩的选择

人是色彩动物，生理学研究告诉我们，色彩往往比图形更有优势。色彩是一种情感，一种直觉的反映，因此，选择一种合适的颜色，能为标志的设计带来颠覆性的变化。每种颜色因为波长的不同，色相的不同，具有不同的性格和情绪。色彩具有传达信息的作用，寻找企业的行业特征与个性特征，采用准确的色彩，能使标志图形更为精彩与传神。

比如红色，人的情绪在强烈的波动时，会使脸通红。如果人们盯着红色看一定的时间，也能导致心跳加快、肌肉兴奋。红色是表达爱的色彩，是稳重而有力的色彩，极富装饰性的色彩。象征信息：热情和活力；政权和革命；喜庆和吉祥；奢华和隆重；危险和暴力；高贵和狂野。蓝色让人心跳减慢，体温降低，具有平静情绪的力量，使人感到无限的舒畅、清澈。象征信息：年轻、自然、休闲、想象力。适合高科技、工业、海洋类行业，如图 3-3 所示。

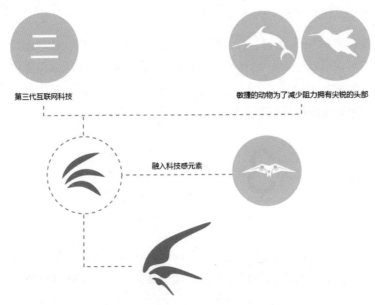

图 3-2　迅雷企业 LOGO 的创意过程

图 3-3　色彩的性格分析

　　对迅雷公司了解比较深刻的朋友应该知道，迅雷公司的全称是迅雷网络，迅雷下载是一个工具类的产品，蓝色更符合产品和公司的定位。

3.1.2　产品品牌的传承

　　产品品牌是通过塑造一个有吸引力的品牌形象来推动产品的销售或推广，只需考虑该产品本身的发展及产品所在行业的发展趋势。企业品牌以自身信念、经营理念、业务发展方向和竞争优势为导向，产品品牌以消费者为导向，满足消费者需求是产品品牌建设的根本。产品品牌的设计可以根据产品阶段的需求或者行业的要求随时调整，企业品牌只会根据自身定位而存在，这是当下互联网行业的一种常态。我们经常可以看到，某个软件产品发布了新版本之后，对应的标志（LOGO）也会重新设计。

产品品牌是影响企业品牌的重要因素，它们之间存在的关系叫品牌效应。用户会因为肯定产品而信任其公司，这时公司再推出任何新产品，就比较容易被用户所接受。反之，如果一个产品遭到诟病，其公司也很难被用户所接受。用户为品牌买单，最终买的还是产品本身的质量。从一个产品的生命周期来看，如果没有创新，就会逐渐失去公众的信赖，企业的品牌影响力也会逐渐消失。

塑造产品品牌的方法，包含情感化品牌形象的定义、演化、创新三个方面。

1. 情感化品牌形象的定义

情感化设计是指以人和物的情感交流为目的而创作的行为活动，通过设计手法，对产品的特质元素进行整合，使产品可以通过声音、形态、寓意、外观形象等方面影响人的听觉、视觉、触觉，从而产生联想，达到人与物的心灵沟通，从而产生共鸣。这样的方法要体现产品代表的效用、功能、品位、形式、价格、便利、服务等。产品品牌可以更加聚焦并拥有具体的形态，在品牌塑造上有更多表现的形式，因此在产品得到消费者认可之后，产品的品牌形象是很容易被宣传与传播的。

产品品牌聚焦的具体形态其实就是产品形象，腾讯的企鹅，百度的熊，美团的袋鼠，这些都是情感化的品牌形象代表。这种理念来自于我们祖先，古时候每个部落都拥有自己的图腾，并把图腾符号化，刺在身上，画在领地的分界线上，凸显各个部落的差异化，也是增强团结和荣誉感的一种手段，这个真理底层的逻辑我们沿用至今。

如果产品形象本身的特质与产品特色相符，这会让你的产品品牌离成功更进一步。比如大众所熟知的，鸽子代表和平，花朵代表美好，孩童代表纯真可爱……迅雷的蜂鸟形象其实是 2010 年才出世的（见图3-4），在此之前一直使用的是迅雷企业品牌的标志。企业品牌的标志含义如上文所讲，是以三代互联网科

图 3-4　2010 年迅雷 7 发布的蜂鸟品牌形象

技的含义而设计的，是一个高大上的理念，但如果没有详细地了解公司背景，会是个晦涩难懂的标志，作为企业品牌是完美的，但是作为产品品牌却并不合适，单纯图形的产品形象很难在产品自身得到应用，在推广过程中也不利于产品品牌的记忆。迅雷下载是一个加快网络传输的工具软件，我们传承"快"的理念，联想到了体态轻盈振翅频率最快的蜂鸟。2010 年以蜂鸟形态出发的迅雷软件，获得了前所未有的成功，并且在互联网行业赢得了良好的口碑与地位。

2. 由蜂鸟演化而来的雷鸟

雷鸟的形象是基于蜂鸟诞生的，最初应用在迅雷官方的论坛、网站和客户端的提醒页面，它也是产品情感化需求的产物。雷鸟形象频繁活跃于迅雷的产品中，是迅雷整个产品终端的宠儿。这也缘于产品本身对用户的引导，情感化的品牌形象更容易让人产生记忆，无论是对于刚接触产品的新人，还是资深用户，在口碑传播方面都有不小的意义。我们可以通过一些广告和推广等手段让产品的品牌形象不断曝光，或者通过形态上的转变，将品牌形象注入产品之中，时刻都在提醒用户"这是我们的产品形象"，其实这样的手段只有一个目标，就是加强品牌的记忆，提高产品的识别度。

品牌进化就是与时俱进，一个产品随着时间的推移和自身的发展（见图 3-5 ～图 3-7），总会在技术、用户群体或用户习惯等方面脱离时代的要求，因而需要调整产品定位和技术革新。因此，产品团队必要定期回顾和分析外界环境中出现了哪些有利和不利因素，反省自身的优点和缺点，采取恰当的措施，始终与时代和用户保持同步，这个产品进化的过程，也是产品品牌进化的机会。

图 3-5　应用于论坛、游戏等业务上的雷鸟卡通形象

图 3-6　迅雷 7 雷鸟造型

3. 创新是产品品牌的保鲜剂

产品品牌一定是基于产品本身存在的，只有强力的运营和推广是不够的，用户为品牌买单，最终买的还是产品本身的服务和功能。企业要有自己的核心技术，让产品在相同领域内做到独一无二，这样更容易让品牌生存并发挥优势，这是

图 3-7　迅雷 9 雷鸟造型

亘古不变的道理。2005 年迅雷就致力于网络数据传输技术的研发，目前除了用于自己的产品外，还支撑了很多互联网产品的数据传输服务，在业界做到了独一无二。在产品品牌建立的同时，赢得了用户对企业品牌的信任，之后做任何形势的推广都是可以被用户所接受的，因此品牌也是促进用户消费的基础，这也是迅雷至今能够活跃于互联网行业的关键所在。

3.1.3　招聘与品牌的联系

人才对于每一家企业来说都是极为重要的，面对新的发展机遇和挑战，招聘所承担的企业使命已不再是单纯地为企业招募有用之才，同时承担了宣传企业和树立企业形象的使命。现实中，很多企业往往忽视了这一点，不重视招聘环节的各项细节和招聘团队人员的筛选，派出的招聘团队人员素质不高、形象不佳、专业不精，这样的招聘团队不但不能完成招募人才的重任，不经意间也降低了企业的形象，使得人力、物力、财力付之东流。

迅雷一直求贤若渴，对于招聘这个环节非常重视，迅雷主要的人才来源于校园招聘和社会招聘。所谓物以类聚，人以群分，优秀的企业一定能够吸引到优秀的人才。迅雷分别针对校园和社会两个渠道设计了招聘信息发布平台，让信息的传递更有针对性。

社会招聘面向的人群、年龄阶层相对分散，要有更强的包容力，社会招聘平台的设计难度在于表现形式的拿捏，青春活力会让有工作经验的人认为企业不稳重，迅雷公司创立已超过十年，在中国绝对算是互联网行业的"老马"，如果表现形式过于厚重又会让年轻人感到压抑，所以从公司自身的产品定位出发，以嗅探星域的主题设计了社会招聘的平台（见图 3-8）。

校园招聘面对的人群很集中，都是在校大学生，年龄集中在 21 ~ 24 岁，随着时代的变化，每一年对这一类初出茅庐的青年都有不同的定义，他们青春活力的思维也是推进企业创新的源泉。面对他们，迅雷每一年的校园招聘主题都是不一样的，在校园招聘平台建设和传播渠道的设计上用了更多新奇有趣的形式，吸引大学生关注的同时也传递出迅雷追求创新的精神，如图 3-9 所示。

品牌是外界衡量公司的标签，它需要长时间建立、维护、创新，承载了公司形象和商业价值。但是外界对品牌的认可，最终还是在于对产品的认可，我们可以学习多种品牌营销推广的策略，可以让品牌价值最大化，但是如果消费者买到的产品不能与品牌价值对等的时候，品牌就会受到反作用力，导致不可挽回的结果。所以我们在加强品牌前，切记一定要将公司的产品做好，这样产品与品牌的价值才能相互作用。消费者为产品质量买单，通过认可产品质量，肯定产品品牌，再因品牌进行后续消费，形成良好闭环，这样品牌所能带来的效益也会快速增长。

图 3-8 2016 迅雷社会招聘官网

图 3-9 2017 迅雷校园招聘官网

3.2 迅雷企业品牌演化：LOGOTYPE 设计之美

经过十几年的发展，迅雷在品牌上形成了诸多标签，已不只是一个下载工具。它凭借云加速方面的核心技术，集成了包含下载、游戏、视频、网络加速、CDN 应用等多种服务，甚至进军了目前最火热的 VR 领域。所以，原先的迅雷网络已经无法承载迅雷迅速发展的形象。现在，它需要以新的形态来展示公司的形象，接到升级迅雷 LOGO 设计这个任务的时候，激动的同时也感到压力很大，毕竟这是一个企业的形象标志，各种心情过后，我们准备先从老版本的迅雷 LOGO 分析着手。

现有的 LOGO 由三部分组成：图形＋汉字＋英文小字。显然，英文字母过多与过小在品牌传播上已经是阻碍了。

为了保持品牌的延续性，图形还是沿用原来的，着重对右边的文字进行整改，由"迅雷网络"变成"迅雷"，英文用迅雷的拼音如图 3-10 所示。

图 3-10　迅雷网络企业品牌 LOGO

3.2.1　企业品牌的设计进化

文字一直都是人们沟通的重要载体，在设计领域，文字是视觉传达的重要媒介。随着时代的发展，包含文字的标志设计越来越多。"LOGOTYPE" $^\ominus$ 的定义随着时间的不同有着不同的阶段性解读，但始终包含"字""形""完整不可分割"这三大原则。文字的设计主要从字体造型、字体感觉和字体性格三个方面做深入了解。

1. 中文字体造型

现有的 LOGO 使用斜体字来呈现速度，寓意和理念传递得很好。图 3-11 中所示红色圆点标出来的地方是转角的细节，使整个字体造型看起来更加圆润，在速度中突显了亲和力。

$\ominus$　该词起源于希腊语：logos，意思是"文字"，现在简称为 LOGO。

图 3-11　当前 LOGO 字体边角分析

倾斜的字体相对于文字较长的字体造型来说要更合适一些，因为整体重心的高与整体底边的比值较低，使得整体看起来更稳重些，如图 3-12 所示。

图 3-12　当前 LOGO 图形稳定性分析

但新版本的 LOGO 字体部分只有两个字"迅雷"，如果使用倾斜字体，整体重心的高与底边的比值变大，会使整体显得很不稳重，因此我们打算将整体造型"掰正"来试试看，如图 3-13 所示。

整体重心的高与底边的比值变大，显得很不稳重　　　　将整体造型"掰正"的效果

图 3-13　"掰正"是为了解决斜体字的不稳定问题

2. 中文字体整体感觉

在整体摆正后会发现很多问题，比如"雷"字右上角的直角感觉要突兀些，笔画过多而导致视觉失去了平衡；"迅"字中宫的地方大过雷字，也会导致失衡。这些都对字的整体感觉有很大的影响，接下来对这些地方进行细节分析和处理，如图 3-14 所示。

"雷"字的右上角我们沿用先前 LOGO 设计中的理念，进行圆角设计，使视觉效果更柔和些，同时将字的右下角做直角处理，使之看起来更加沉稳，如图 3-15 所示。对比两个字后，确实后面这个字整体要更沉稳和柔和。这些字的细节与整体体现出的气质，可以展现出一个品牌的形象。

"迅"字中宫的地方大过雷字　　　　　　"雷"字进行圆角设计，使视觉效果更柔和些

图 3-14　优化掰正后的字体图形

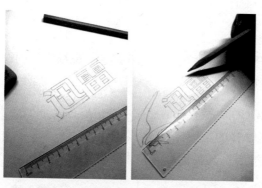

图 3-15　反复调整新 LOGO 的图形

3. 英文字体造型

英文字和中文字截然不同，中文文字各具独立字形，而英文字由 26 个字母排列组合而成。英文字结构相对简单，主要由直线和曲线的笔画构成。

先前 LOGO 的英文字部分和当前的中文字明显不是一个风格，内容也不一致，因此对英文字重新做了设计。按照中文字的风格，每一笔都不是均匀的粗细，竖笔画会比较粗，而横笔画相对较细，如图 3-16 所示。

图 3-16　整体上有点琐碎，字的个性还不突出

4. 英文字体感觉

调整后发现英文整体上有点琐碎，字的个性还不突出。于是又尝试了用大写

字母，使之更为整齐，在电脑上反复调整过后，英文字的线条感与中文字一致，使整体看起来更加协调、美观，如图 3-17 所示。

图 3-17　使用英文大写突出个性，最终调整后的图形

5. 字体性格

造型确定后需要确定字体的层次感和颜色。根据当下的设计潮流，层次感上使用扁平化的设计风格。

当用户看到 LOGO 时最直观的感受主要由颜色来传达。品牌颜色选择的是科技蓝色，延续迅雷品牌的 DNA，同时给用户沉稳大气、技术可靠的感觉，如图 3-18 所示。

图 3-18　新定义的企业品牌色

3.2.2　新版 LOGO 整体呈现

接下来对 LOGO 的三个部分——图形 LOGO、中文 LOGO、英文 LOGO 进行不同版面的排版设计。经过反复对比与讨论，考虑到 LOGO 的多种使用场景，最终选择方案 A 做进一步优化，方案 A 中右边的中英文大小均等使得 LOGO 整体重心偏右，于是将英文比重缩小，看起来更均衡，最终完成迅雷品牌 LOGO 的升级，如图 3-19 所示。

图 3-19　反复对比组合形式，选择方案 A 为最终 LOGO

3.2.3　最终版本整体上的优势

最终版本在整体上有如下几点优势：

- 均衡：由于左侧是图，因此将英文字"XUNLEI"有意识地向右侧靠，使视觉上得到平衡。
- 对比：在线条的粗细和拐角的曲直上对比明显，文字不会显得呆板，并且有自己的个性。
- 统一：统一是理性的结合，其精髓在于"统一中有变化，变化中求统一"，中英文线条的粗细采用统一的设计，而中英文字本身字体造型就是不一致的，因此实现了求同存异，使整体不会显得枯燥无味。
- 韵律：韵律是一种秩序性的安排，文字设计中的竖向线条采用粗线条，横向线条采用细线条，这种周期性的规则使 LOGO 具有韵律感，从而突出 LOGO 特色。

新的 LOGO 在不同场景中的效果如图 3-20 所示。

图 3-20　新 LOGO 的场景应用

3.2.4 沉淀设计之后的一些感想

在品牌设计中，LOGO 的设计是至关重要的，它代表这个品牌展示的形象，是品牌的窗口。

借用德国著名设计师冯德里希说过的一句话："LOGO 的形象具有魔术般的力量，人们的实现无法避开那伟大的杰作，在满足它的使用功能的同时，能够赋予其最崇高的审美需要。"LOGO 的创意设计要在基础结构上寻求创新和突破，通过图文结合，不仅要正确地传达版面信息，更要符合视觉规律，通过美感去打动用户，使他们获得美的享受。

如何打动用户，让他们获得美的享受？这似乎很抽象，有点困惑，但是积累了一定的设计经验和优秀的设计作品后，就会发现其实是有方法可循的。特别是做字体时，要不断地进行细节把控，整体观察。然而这个过程需要太多耐心，需要在设计过程中慢慢体会。学会从信息化、视觉化、艺术化等多维视角来思考设计，就会发现其中的设计之美。

3.3 有"计"可循的产品品牌设计

迅雷是以提供数据传输服务而被人知晓的企业，迄今为止提供这项服务已有十余年，科技不断向前发展，下载方式与用户需求也在不断变化，新的使用习惯与资源途径正在悄然出现。2016 年，我们重新定义了迅雷新产品的体验方式，蜕变是新版迅雷的主题，这也是重塑产品品牌的机会，如图 3-21 所示。

图 3-21　迅雷客户端 LOGO 的历史

迅雷 9 的 LOGO 设计是一个极其曲折的过程，设计师团队前后参与三个月才最终完成。

这次 LOGO 的设计有三"计"可循。

3.3.1　万变不离其宗的"衍生计"

衍生，指演变而产生，从母体物质得到的子体，由子体再作为母体衍生出二代子体，以此类推。通过这样的方式，在 LOGO 创意的初期，得到了很多靠谱可行的方案。"衍生"是一个既痛苦又让人兴奋的过程，可以毫无顾忌地去创想很多图形，得到很多方案，但是思考的过程却是漫长而痛苦的，如图 3-22 ～图 3-24 所示。

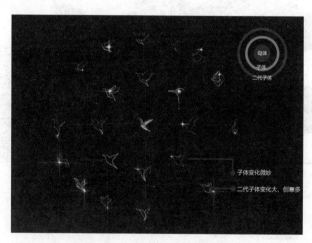

图 3-22　衍生计的原理示意

经过一番艰辛的努力，在所有的创意方案中，我们通过内部讨论以及用户投票的方式，选择了这个测试版的方案，它轻盈、向上、优美，耐人寻味（见图 3-25）。在测试版本体验过程中我们就发现了一些问题，图标与 Win7 默认的壁纸区别不明显、形态不够饱满、比其他应用图标要弱小等，这些问题不容小觑。

3.3.2　"目标导向计"解决问题追求更高品质

目标导向行为是一个选择、寻找和实现目标的过程，它能提高人的动机水平，不断地提出富有挑战性的要求，并引导去完成一个又一个更高的目标，再获得最终成果。在对品质要求极高的情况下，目标导向可以达到良好的效果。

图 3-23　创意 LOGO 过程

图 3-24　用"衍生计"设计了 52 个创意 LOGO

桌面图标相对弱小　　　任务栏不够明显

图 3-25　我们选择了一个方案，但是不够完美

1. 目标阶段一：迅雷 7 传承思维再优化，新方案反复打磨再升级

迅雷 7 作为产品的重要里程碑，蜂鸟的 LOGO 形象功不可没，尝试老方案的优化并非一种倒退，是传承的思路，新方案是我们在蜂鸟的基础上衍生出的新方向，虽然存在不足，但是我们仍希望在这个方案上有更多突破，如图 3-26 所示。

2. 目标阶段二：以品牌图形化为目标，摒弃多余的信息干扰

放在使用场景中（见图 3-27），我们最终选择了最图形化的方案，这也是众多品牌演化的一个必经之路。最简洁的形体传递最直接的信息。

迅雷7再优化

新方案再升级

图 3-26　分为两个方向再次进行设计

图 3-27　放入场景中进行方案筛选

3. 目标阶段三：先小后大，反向推导最终的图标样式

为了让图标在任何状态下都清晰可见，这次我们优先考虑最小的极端情况（见图 3-28），再反向推导出我们的最终方案，这样既能保证统一性，又能照顾每一种特殊情况。

图 3-28　选择小图标展示效果好的方案

4. 目标阶段四：增加细节去简单化，简约、精致、易用的最终形态

扁平化的设计语言容易让人产生简单的错觉，尤其在图形化设计严重的情

况，作为一个 LOGO 是不合适的，为此我们增加了一些细节（见图 3-29），有了细节的点缀，更加值得推敲（见图 3-30）。

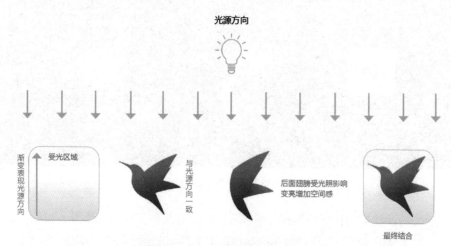

图 3-29　对方案进行整体细节描绘

图 3-30　放在应用场景中再次求证

3.3.3　沟通多端品牌的"阴阳计"

"阴阳"原本表达的含义就是两种物体相辅相成，聚合一体，这与我们的产品理念是一致的，我们希望多端产品之间是有品牌沟通的，区别于电脑客户端的设计思路，移动端更注重色彩的记忆，因此有了蓝色背景的手机迅雷的图标，如图 3-31 所示。

图 3-31　移动端与 PC 端的阴阳设计

用心的设计带来良好的回报，整体的改版过程历时三个月（见图 3-32），改版之后，迅雷 9 的桌面图标使用效率明显比迅雷 7.9 和极速版要高，如图 3-33 所示。

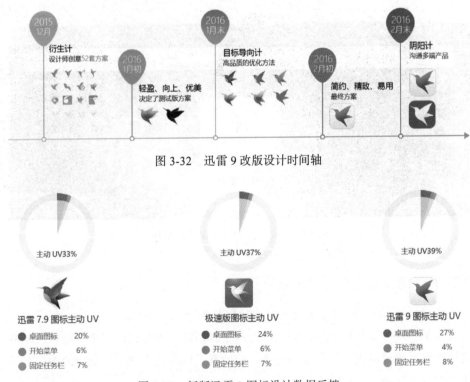

图 3-32　迅雷 9 改版设计时间轴

主动 UV33%

主动 UV37%

主动 UV39%

迅雷 7.9 图标主动 UV

● 桌面图标　　20%
● 开始菜单　　6%
● 固定任务栏　7%

极速版图标主动 UV

● 桌面图标　　24%
● 开始菜单　　6%
● 固定任务栏　7%

迅雷 9 图标主动 UV

● 桌面图标　　27%
● 开始菜单　　4%
● 固定任务栏　8%

图 3-33　新版迅雷 9 图标设计数据反馈

3.4　一只蜂鸟的拟人化：思考与创造

3.4.1　品牌情感化设计的思考

一件产品的成功与否，设计的情感要素也许比实用要素更为关键。

——唐纳德·诺曼

曾有实验表明，当人们处于焦虑状态时，思考的范围会变窄。人们会进入一种盲目的循环状态，进行无意识的反复思考。此时，如果有美观而友好的图像引导，可以使人们更快地走出死胡同，并解决问题，如图 3-34 所示。

图 3-34　图像引导可以更快解决问题

情感化设计能有效地建立起产品与用户之间的情感联系，通过情感的共鸣点引导用户进行有效的问题定位与思考。

1. 品牌需要建立情感联系

品牌不仅是产品的识别标志，更代表了用户对一个产品的全部感官符号。而品牌引起的情感反应就是这个品牌的长期价值。那么，如果要建立品牌的长期价值，就要建立品牌与用户之间的情感联系。

2. 拟人化可以建立信任感

只有角色变得人性化，才能让人觉得可信。除非人们能从这些角色身上看到自己的影子，否则它的行为就会让人感到不真实。

——华尔特·迪士尼

如果想与用户建立起情感联系，首先需要先与用户建立起信任。说到信任感，我们不得不说风靡亚洲的即时通讯类 App LINE，这款 APP 的成功离不开 LINE FRIENDS 形象本身的成功，如图 3-35 所示。

LINE FRIENDS 的人物设定贴近生活，角色之间的互动也是生活里常见的桥段，让人看完后会心一笑，从而产生亲近感，久而久之建立起充分的信任感。

图 3-35　LINE App 和 LINE 的卡通形象

3.4.2　从草图到成稿

画家的技巧是从观察中获得的，而不是苦苦地去依葫芦画瓢。有两种观察事物的方法：一种是简单地注视着它；另一种是专注地观察它。

——普桑·尼古拉斯

1. 信息的拆分与重组

通常，我们能在闭着眼睛的情况下轻松地画出一个圆形或三角形，但当我们遇到不熟悉的目标对象，并且要把他画 / 设计出来时，往往会无从下手。造成这种困境的原因有两个：第一，后者的信息量远远大于前者，短时间内无法进行快速地处理；第二，后者的信息超出了我们常规的记忆范围，需要花时间重新进行认知。

因此，在画草图之前，我们做了一系列信息的拆分与重组的工作，需要重新分析并拆解出蜂鸟（见图 3-36）身上的所有特征和符号性的元素。

图 3-36　我们研究蜂鸟的形体，提炼一些蜂鸟的符号

通过对蜂鸟科的两个常见亚科种类进行分析，归纳出几个绘画记忆点的切入口：第一，蜂鸟具备高辨识度的面纹；第二，不一定会有肚白；第三，雄性具有

羽冠。其中，面纹尤为关键，蜂鸟的面纹信息相对复杂，我们需要针对这个部分
进行绘画语言的提炼。

2. 面纹的推导

蜂鸟的面部拥有虹彩羽毛和喉斑（见图3-37）。经过绘画语言的简化，用轮
廓线划分出面部的核心区域和辅助区域。

图 3-37　基础面纹轮廓推导

提取到符号化的元素后，开始进行对面纹的组合。围绕基础元素设计了几组
不同的面纹与五官的组合，同时在公司内部进行了一次有针对性的小规模调研，
如图 3-38 所示。

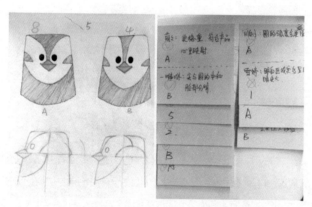

图 3-38　进行实验采样，收集整理意见

针对不同的问题采取不同的调研方式（见图3-39）。比如在进行面纹和羽冠的
方案评审时，我们筛选了50位参与者来进行调研，他们分别来自不同的部门和项
目组。我们根据"是否有消费过卡通类型周边产品以及喜爱程度"来进行分组。

其中一组定义为"喜欢"，而另一组则为"一般/无感觉"，如图3-40所示，
然后分别看两组参与情况的数据比对，从共性与对立性中提取有帮助的信息来辅
助我们站在更客观的角度去了解用户对细节的感受。

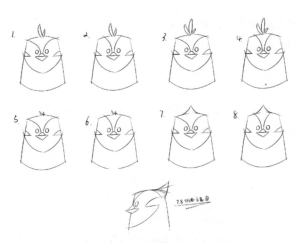

图 3-39　面纹与羽冠的结合方案筛选

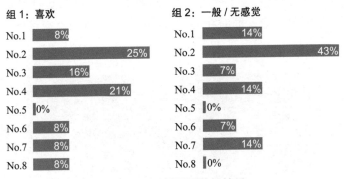

图 3-40　调研投票数据结果

当统计结果出来的时候，最令人惊喜的是两组参与者投票数最高的都是二号组合方案。而起初我们预期的情况是两组也许会各持己见。在调研过程中，我们记录了每一位参与者的感官信息，由此我们沉淀出了一系列关键词的情感倾向。比如弧度、圆形、拟人、大头等都是友好范畴类的符号，而硬、直角、锐利、复杂等关键词都是让人觉得不那么友好甚至有距离感的符号。同时还存在一些中性关键词，比如"脸小"在某一部分人群看来是代表"萌"，而另一部分人会觉得"拘束"甚至有点"小气"。

所以，在这些符号化的信息组合过程中我们会细心地收集并整理每一位参与者的意见，这些宝贵的信息能让我们更了解如何去创造这个形象，并能让更多人喜欢。

3. 拟人化

正如华尔特·迪士尼所说过的,除非让观众能在卡通角色上看到自己身上的影子,否则这一切都会显得不真实,从而无法获得观众的青睐。

没错,我们这次设计的核心目标就是拟人化。当我们要将一个对象进行拟人化的时候,首先要尝试还原出其原始的状态,这样才能便于我们站在更客观的视角去寻找拟人化的设计机会点(见图 3-41)。

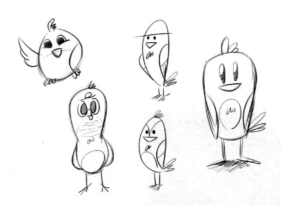

图 3-41 初期的还原尝试手稿

在尝试了多个不同的"鸟"形态后,我们一致认为"四肢"是拟人化的关键因素,一旦不那么像翅膀和爪子后,感觉会完全不一样,如图 3-42 所示。

图 3-42 拟人化的造型

虽然找到了设计机会点,但如何创造出能让人满意的四肢成为新问题,在这个问题上我们花费了很多时间,似乎总是给不出令人满意的答案。每当我们遇到一些比较棘手的情况时,会更倾向于站在一个更宽广的视角看待所遇到的问题。所以,我们又组织了一次推导测验。

4. 四肢的进一步推导

仅仅只是设计团队对"四肢"的认可也许还稍显片面，但如果更多人在卡通形象上找到了共鸣点并一致认可，这样才会更具备说服力。

我们找了 8 个参与者，其中部分人具备手绘能力而其他人并不是特别擅长手绘表达。我们事先画好几组不同的动态四肢场景，并有意将四肢部分留白供大家绘画补充。看看在大家心目中，什么样的四肢才更贴近他们预期的样子，找到与用户之间的共鸣点。其中，能通过绘画完成表达的就用绘画的形式，而无法马上给予反馈的就在有限的时间内进行思考。当最终大家看到各自的作品时也许就能清楚自己的偏好，这样同样能达到测试目的并且效果会更好，同时也能更接近最终的目的。推导过程如图 3-43 所示。

图 3-43　推导过程

5. 反推与测试

在我们完成了形象的基础设计后，我们便开始了反推测试。目的是为了检验形象的五官和四肢是否已经达到了拟人化的标准。

首先是针对五官的测试——表情的延展性。我们创作初期给卡通形象拟定了几个性格关键词：搞笑、闷骚、可爱、活泼、幽默。接下来，我们开始着手绘制不同的表情，检验五官的情感丰富度，如图 3-44 所示。

在完成了表情的测验后，紧接着是对四肢的测试（见图 3-45）。这也是最为关键的部分，我们都一致认为 LINE FRIENDS 的拟人度是近年来比较符合大众喜好的，于是我们精心挑选了几个具备高舒展性的动态来进行检验。

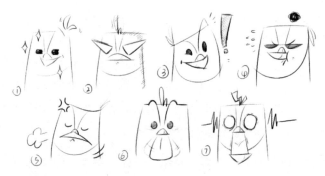

图 3-44　基础表情

图 3-45　对四肢拟人化的检验

最终的结果令人满意，这也让我们这几个月的努力得到了认可。过程中我们也曾遇到过不少质疑和瓶颈，在每一次遇到疑问的时候，我们都坚持以最客观的方式来进行检验，寻找并解决问题。具象化的内容并不存在"好"与"坏"之分，因为每个人针对同一个对象的感官符号都不尽相同，这不仅是美学上的问题，还有文化理解上的差异。正如罗兰·巴特在《明室》一书中曾提到过的所指和能指的意义，而我们能做到的就是在主观的创作上尽可能地融入更多客观上的共鸣，但我们不能因为客观的因素而动摇我们的主观感受和创作。

我们收获了更多的方法论和实践经验，我们知道遇到不同问题时该做出什么样的调整与应对。这也许是思考与创造过程中最具有魅力的地方吧。

3.5 初见，为你留下——迅雷招聘官网创意设计

招聘官网是公司企业文化、品牌形象的一道窗口。它是一座桥梁，很多精英良才是通过招聘官网初遇迅雷，留在迅雷。招聘官网传达的不仅是对人才的技能要求和公司的福利待遇，还有企业文化、公司品牌与形象。无论是社招还是每年的校招，设计师们对每期招聘官网都精心策划与设计。

同样是招聘，但是面向的人群、对象不一样，招聘官网呈现的内容和形式也不一样。社招官网面向的人群比较广，我们主要从公司整体的重要产品策划、开放富有人性的环境和重视人才的价值理念出发设计。校招官网面向的是应届毕业生，青春洋溢、充满朝气是毕业生的特点，所以校招官网的设计主题是"玩的酷靠得住"，表明我们对人才需求的特质是玩起来活跃、酷炫、勇于接受新鲜事物，工作起来又认真、沉稳的年轻人。下面将通过描述社招官网和校招官网的不同设计理念和创意策划方案，展现当面向不同的对象时，招聘官网如何传达相同的企业文化和公司品牌形象。

3.5.1 社会招聘官网篇

1. 设计背景

2014 年，迅雷上市，标志迅雷踏入一个全新的里程碑。

2015 年，水晶项目风生水起，"星域"重新定义 CDN。

2016 年，迅雷 9 隆重发布，优化了下载、搜索嗅探等核心功能，得到了广大用户好评。

公司壮大、业务发展的同时，需要招贤纳才（见图 3-46），吸引更多有梦想的青年加入迅雷共创更美好未来！

2014年
迅雷上市

水晶"星域"
重新定义CDN

迅雷9
全面发布

图 3-46　社会招聘官网的设计背景

2. 设计理念

招聘官网在传达公司正直、开放、创新、担当、共赢的价值观的同时，又能结合公司核心产品和特色，让期待加入迅雷的有缘人对迅雷的产品有认知，另一方面也是对公司产品的宣传，设计师和招聘小组共同确定了新招聘官网的设计方向：让迅雷的核心产品（迅雷的"嗅探"与水晶的"星域"）相融合并传达企业文化。

通过公司内部征集主题文案，筛选后确定了招聘官网的设计主题：嗅探星域，遇见迅雷。

❑ 嗅探星域——通过交互、视觉、动效设计来传达与定焦；

❑ 遇见迅雷——通过打动人心的文案来定焦。

星域是一片"景"，星罗棋布，不分畛域。设计呈现一片神秘浩瀚、包罗万象之景，并加上"嗅探"动效生动地表达主题之"探索星域"。

遇见迅雷是一种"情"，带有一种浓浓的缘分；"遇见迅雷"文字直接呈现于迅雷 LOGO 之上，情景结合，恰到好处。

"外景"与"内情"的结合，再加上"说理"（"理"即加入迅雷的理由），是招聘官网的整体设计理念和思路，如图 3-47 所示。

图 3-47　社会招聘官网的设计理念

3. 设计方案

（1）外景——"嗅探星域"

设计关键字

景，是具体的。浩瀚星域为主体之景，要给人辽阔无边、神秘、包罗万象之感，充满无限的遐想和能量。

整体设计的布局、素材选择、配色方案、图形和动态效果，都围绕这几个关键字延伸：星域、梦想、链接、未来，如图 3-48 所示。

图 3-48　社会招聘官网的关键字

整体布局——WEB-MAX

IMAX 是目前最先进的电影播放技术，超大尺寸的屏幕让电影特效展现得淋漓尽致，给人超强的视觉冲击力，如图 3-49 所示。

图 3-49　IMAX 电影成像特色

打破传统的页面布局框架，我们在招聘官网的整理布局上，延用迅雷官网采用的 WEB-MAX 布局方式，使整个页面的星空给人浩瀚无际、不分畛域的视觉冲击力，且更有层次感，如图 3-50 所示。

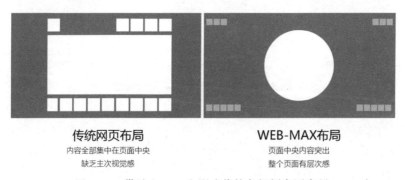

图 3-50　借助 IMAX 电影成像特色规划官网布局

确定 WEB-MAX 布局，围绕"星域"和"梦想"，我们找了很多素材，要有浩瀚、力量的感觉，预示着未来潜能无可限量，如图 3-51 所示。我们延伸到宇宙星空，一个无限大的舞台。

图 3-51　符合招聘官网的宇宙主题

最后定焦一个角度：光从地球的背后照出，缓缓升起，蕴藏巨大的能量，如图 3-52 和图 3-53 所示。

图 3-52　打造一个浩瀚的宇宙为官网背景

主色调
深邃蓝

迅雷蓝和宇宙的深邃蓝完美契合

副色调
神秘紫+绚丽黄

在配合蓝色的同时选了优雅神秘的紫色做主配色，使得宇宙神秘而浩瀚的氛围更加凸显，又点缀了绚丽的黄色，代表着我们的团队拥有着蓬勃的热情！

图 3-53　社会招聘官网的色调

图形设计与动效

为使整个页面灵动起来，赋予有生命力，在首页头部用心做了大量精细的动态效果。

标题部分的动效突显

主题字以脉冲的形式进入，同时，线鸟则以逐步描线的方式呈现，相比于传统的淡入效果，逐步描线让动画显得更多变，且线鸟和主题字完成动画的时间保持一致，使得两个动画能更好地融合在一起，如图 3-54 所示。

图 3-54　首页的标题动效

嗅探与四个职位按钮动效

嗅探的四周加入了一个"呼吸"的效果，代表着正在探寻的意思，1 秒后一个弹起的动作，代表嗅探结束，然后四类职位出现，加入这样一个动画，目的是让用户的视角集中到该区域，让用户第一时间找到相关的职位信息。

四类职位的外圈在常态下做自转处理，目的是吸引用户进行点击，鼠标悬浮时，自转停止，同时中间小图标加了一个弹跳的动效，加强其常态与鼠标悬浮态的对比，如图 3-55 所示。

图 3-55　职位按钮的动效设计

背景动效处理

背景的星星闪动、流星滑落（见图 3-56）是用 Canvas 来实现的。因为 Canvas

擅长处理含有大量元素的动画，其绘制的图像不占 DOM，所以，通过 JavaScript
动态控制星星和流星的数量、大小、位置等信息，以及闪烁效果，最终通过
Canvas 在页面呈现这些元素，使得页面更有星空的灵动感。

图 3-56　背景流星、星星闪动动效

　　围绕"连接"和"未来"，我们整体设计了一个虚拟的星座连线图，Slogan
的设计也沿用了链接的感觉，背后加了星座线图的雷鸟，每个星星都代表着我们
迅雷人的一种精神，一种坚韧不拔的意志力，也寓意着冥冥中注定的你、我、他
正在建立着连接，通过招聘网站找到连接入口，期待更多的新鲜血液加入，如
图 3-57 所示。

图 3-57　招聘官网首页最终上线效果

　　为了让用户都能在第一屏看到职位的关键信息，网页的首屏做了自适应处
理，即不管用户屏幕大小（在合理范围内），网页的第一屏总能完整呈现给用户，
这种处理其实也是一种兼容，是对屏幕分辨率的兼容。

（2）内情——"遇见迅雷"

情，是抽象的。借助嗅探星域之景，抒发遇见迅雷之情。

浩瀚星域，让人联想到梦想和未来，加上打动人心的文案，空灵且激发热情的背景音乐，达到情景交融。

文案

1）主标题——遇见迅雷：

"遇见迅雷"带有缘分/情感化色彩的主标题。

2）打动人心的语言：

❑ 用行动关心你的成长。

我们愿意与最优秀的工程师一起平等沟通、自我管理、共同成长。

——Sean（迅雷创始人/董事长兼CEO）

❑ 用价值创造人类未来。

勇于探索互联网精神，创新与共享云计算未来。

——Lei chen（迅雷联席CEO/网心科技公司CEO）

❑ 用一种精神追求梦想。

我们一直在追求一种偏执精神、追求极客。

——Steve（迅雷联合创始人）

音乐 & 音效

招聘官网以空灵、激发正能量的音乐《Moonlight》为背景，仿佛漫步宇宙星空，却又让人满怀希望。

抒发浩瀚宇宙星域，我们在此相遇，不管你有什么样的梦想，请不要放弃它！

再加上雷鸟出现音效的灵动感、嗅探职位音效的科技感等，音效的细节处理，使整个网页更有情感和生命力。

（3）说理——"加入迅雷"

理，是形而上的。唯愿饱含灵性与情感的设计工作，也能闪耀理性之光，绽放从容之美。

首页下方三个模块分别是加入迅雷的三大理由，三个层次符合马斯洛需求层次理论，如图 3-58 所示。

- ❑ 工程师文化——人生价值的实现。
- ❑ 人性化环境——安全、社交、尊重需求。
- ❑ 薪资待遇——物质生存需求。

图 3-58　加入迅雷公司的理由

（4）其他——易用性设计

投递简历的易用性设计，是招聘官网非常重要的一部分。

抛弃了原来招聘官网需要注册、登录方可投递简历的流程，新的招聘官网化繁从简，无须注册登录，只要选择相应岗位，即可顺利投递简历，如图3-59所示。

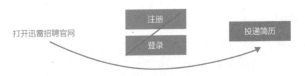

图 3-59　新官网省去投递注册登录的麻烦

此外，在一些细节的处理上，即使当你拉到首页的最下方，加入迅雷的按钮闪烁，依然明显突出，热情洋溢的召唤——快来加入我们！图 3-60 所示为带动效的控钮。

图 3-60　带有动效的加入按钮

从确定招聘官网的设计理念、设计主题，再到页面布局、素材选取、构图动效和音乐音效等，情景结合加上说理的整体设计思路，每个细节，我们都认真推敲和打磨，付出了感情和心血，作品便有了灵魂。

如果说社会招聘官网深藏着公司的底蕴和价值文化，那么校园招聘官网则是蓬勃朝气，又富有创新力的展现。

社会招聘的案例我们更注重系统的设计思路，现在我们从宏观过渡到微观，以校园招聘为例，换一种思路来阐述品牌设计，希望不同的设计思路可以带给大家不一样的启发。

3.5.2　校园招聘官网篇

1. 品牌定位

每年为了选拔新的毕业生，都会策划一个全新创意的迅雷校园招聘（以下简称校招）活动，会分为三期：前期预告、宣传海报、正式启动。重点是正式启动的 PC 端和移动端校招网站的设计，以及各种线上线下的准备活动。校招网站承载的功能包括：投递简历、招聘职位、招聘动态、走进迅雷等，同时是一种宣传企业品牌的良好渠道，所以每年的设计团队都会深度参与到整个创意策划和执行中，其中比较刺激的是：一个想法到底如何与视觉形式结合并形成更为强大的神秘力量。这次的校招创意方案上线后广受好评，很多好评不仅来自业内，更多来自参加校招面试的应届毕业生，下面就阐述此次校招从创意到实现的过程。

在此之前我们做过很多创意方案，这次我们主要从内容下手，做出能打动和吸引学生的校招活动。而校招本身是一场关于营造气氛的活动，既包含着一个公司的企业文化的宣传，又充满对青春与未来的态度，其中可以玩的花样很多。这些年毕业的大学生一般都是 90 后，他们普遍都是独生子女，有着年轻、活跃、勇于接受新鲜事物的态度，富有朝气，勇于担当，是"玩的酷靠得住"的一代。针对这部分具有鲜明特征的用户群体，此次校招的品牌定位就是：打造高端的企业品质、富有青春活力，同时彰显充满时尚且富有科技感的品牌形象。

2. 创意推导

与目标群体产生情感共鸣是场景被使用的前提。每一届的毕业生都会有同样的危机感：未来不可预知，同时怀疑自己的能力，对优质企业充满期望，如图 3-61 所示，这就是我们的创意设计点。在设计中与他们的情感产生共鸣，把危机感转化成安全感就是我们接下来要做的事情。

图 3-61　应届毕业生心理状态旅程

我们需要营造出让毕业生能感到友好且乐观的场景，这样我们的设计目标也越来越清晰了：让毕业生能感知到迅雷校招的诚意和对待青春态度，以及让毕业生清楚地知道自己到底需要什么样的公司来帮助他完成梦想，从而建立起与毕业生之间的信任和认可。

3. 前期准备

前期确定了今年校招的主题文案："不约而同，青春本色不做看客"，由于有四种职位类型和四大校招城市，所以我们用四位学生来渲染创意方案。故事就是发生在 2017 年的校招中：有四个青春活力的学生不约而同地来参加迅雷校招，每个人在这里遇见彼此，遇见迅雷，蜂鸟带领他们走进迅雷，了解公司创立、大事记、工程师文化、技术和福利等。伴随着蜂鸟的翅膀扇动与飞翔，从左至右横屏滑动，让毕业生更清晰快速地了解我们公司的企业文化，解除他们心中的不确定性和对未来的不可预知性。

在人物形象的设定方面，由 4 位即将毕业的在校大学生组成，分别两男两女，应聘的职位分别代表设计、技术、运营、产品，没有限定每个人物对应的职位，通过人物自身的性格、表情、造型及动作表达活力与快乐、安静与沉稳、健康与运动、潮流与科技。服装造型更靠近现在的在校大学生，有一种青春与未来的炫酷感。

下面就是基于前期的思考和设计点做的交互原型图，如图 3-62 所示。

图 3-62　校园招聘交互原型

交互方式确定后，那么具体拍摄要如何进行呢？什么样的人物动作适合青春与科技的主题？

（1）参考素材的收集与分析

图 3-63 所示是可口可乐早年做的关于圣诞节的一个活动，邀请搭档一起共建一个 4 人小组参加圣诞 Party。所以背景用了四个不同的人，但人物风格却有相似之处，随着四个人的不同变化引出可口可乐瓶，同时点亮页面，场面生动又具有炫酷色彩，符合可口可乐品牌文化的一贯作风。这个案例对这次的人物拍摄具有一定的参考价值。

（2）人物拍摄

让静态页面的呈现方式更灵活、更有趣就要依靠前期的视觉创意和后期的动画重构。视觉创意拍摄选择 4 个在校大学生做模特，请了专业的造型和摄影师进行拍摄，需要提前和他们沟通服装、造型、灯光、模特动作、情感、表情等细节要求。期间主要创意人员（需求方和设计师）全程指导，在拍摄之前与模特深度沟通我们的创意和用途，并会提前备好一些参考动作供模特模仿，以便他们能更好、更快地进入拍摄状态。但 PC 端更多的是让他们自由发挥，反而更出彩，而海报有一定故事和动作，拍摄期间会多次反复沟通，而且会拍摄一些备案动作，以免后期设计的时候出现素材不够用或不能用的问题。

图 3-63　可口可乐圣诞节活动创意

　　因为模特是在校学生，不是专业的模特出身，所以在拍摄的时候经常会出现表情僵硬、动作不到位的情况，我们会很灵活的给模特调整动作，有一部分是临时想到的方案。并不会死守前期的准备方案，及时调整。最终用 1 天完成了 12 套动作，如图 3-64 所示。

图 3-64　人物摄影拍摄棚拍效果

4. 视觉表现

完成前期素材收集和拍摄，接下来就进入了视觉设计。

- ❑ 青春元素：代表四个应聘不同职位的学生，每个人的动作、表情、造型都突出青春与活力。
- ❑ 色系选择：用蓝色（迅雷品牌色）作主色调，黑色和白色作为辅色调。
- ❑ 字体设计：由矩形和斜线组成。
- ❑ 风格质感：扁平与写实完美融合，既不失扁平的高端、清澈，又大胆融入写实的情景感。

（1）字体设计

字体设计要与页面背景风格浑然天成，所以为了突出青春、活力和科技感，整体由水平、垂直及旋转45度的矩形组成，并在字体上和周围加长变成斜线条，这样更富有张力和动感，并将这种设计元素贯穿整个页面，蔓延出一种青春活力的节奏和美感。而且，并没有在字体的质感上加丰富的质感，背景很饱满的时候，前置元素以更轻薄的方式呈现会显得画面更高档，更清澈。

（2）首页设计

如图 3-65 所示，首屏把四个人物融合在同一场景中，随着主题文案以百叶窗的形式出现的同时，四个人物也依次出现、更替动作，两图的背景都是黑白画面，蓝白线条再出现时点亮整个画面变成下一张图。在动画设定时，每个出场都是英语语法里的"现在完成时（马上要完成，但还没有完成）"，达到时间重叠、出场紧凑、节奏协调的状态。

首页和走进迅雷进行了融合设计，也是今年校招的最大亮点，采用横屏滑动模式，让用户轻松获得他们最想知道的信息，整个视觉效果紧紧围绕青春与科技的主题，而这两者结合起来产生的化学反应就是动感与炫酷。横屏共有6屏，背景设计深浅交错的形式有利于用户浏览起来没那么压抑和沉闷，尽量降低视觉疲劳。整个官网最具创意亮点的是那只飞翔的蜂鸟，蜂鸟是迅雷常用的品牌标志，给扁平的图形加上动画会显得非常灵动和轻盈，传承了迅雷本有的轻快和加速的品牌文化，而且这是第一次尝试这样设计，为了让蜂鸟的飞行更加流畅，如图 3-66 所示共画了 12 张图片。

四位人物第一个动作

四位人物第植动作

图 3-65 第一屏四位人物的动作切换

首屏向右连续横向滑屏的体验

蜂鸟一个飞行动作的序列帧

图 3-66 切屏及蜂鸟飞翔动画示意

（3）亮点动画设计

发展历程的创意设计是比较有细节的亮点之一，重要数字特别突出，按照时间轴由低到高排序，寓意公司发展越来越好，刚开始是暗色，待鼠标滑动时蜂鸟向右飞行，逐渐点亮文案，如图 3-67 所示。

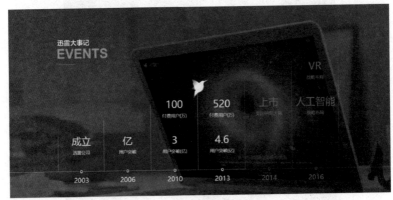

迅雷大事记动画亮点

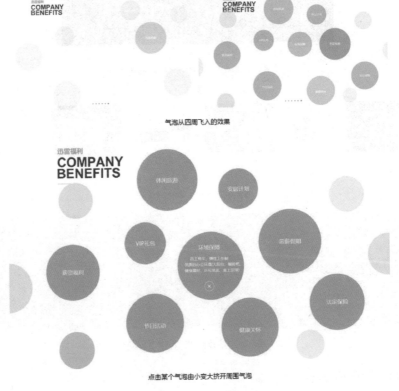

图 3-67　迅雷大事记及迅雷福利动效示意

5.移动端海报的传播设计

　　校招在移动端发布和推广主要采用动态海报的形式。视觉设计时，为了突出"青春"和"科技"的主题，延续了 PC 官网的设计风格，根据文案对人物动作的构想，把每个岗位的特性都分别融入海报中，整体呈现出科技感和年轻酷炫的效果，如图 3-68 和图 3-69 所示。

图 3-68　海报拍摄过程与设计效果

图 3-69　海报拍摄过程与设计效果

移动端海报首先确定文案，再根据文案进行动作方案策划。为四个模特分别拍摄了一套连贯动作，拍摄手法采用的是静态帧的形式，比如1套连续动作拍了7张照片，以便后期用于做动态GIF海报。

海报文案："出格出挑出风采"。

❑ "有胆有料有梦想"，只要你心存梦想，敢于实践并有胆量、有能力把你的创意转化成实实在在的成果，就是我们正在寻找的技术牛人。

❑ "不骄不躁不浮夸"代表产品经理，手捧一张白纸，看着它一步步地折叠成纸飞机从手中飞起划过耳畔，寓意是只要脚踏实地的做事，总有一天会获得成就，实现自我价值。

❑ "敢拼敢闯敢再来"，通过撕掉纸张来体现，寓意是面临困难和挫折勇往直前，敢于重新来过的青春本色。

校园招聘每年都会改版，有继承更有创新。此次针对"玩的酷靠得住"且富有青春和时尚的大学生用户群体，我们在品牌定位和创意策划上做出了不同程度的突破与革新。从前期品牌定位、创意推导再到方案落地，这是一次具有挑战意义的尝试，打造出一版在架构、交互和视觉上均充满青春与科技的校招官网。后面通过线上和线下的传播和口碑反馈，都获得了较为良好的评价，对我们将来的其他相关项目具有一定的参考价值。

迅雷是一个非常重视人才、重视技术的公司。从迅雷下载，到水晶计划，很多核心项目都是技术人才推动。人才是企业的核心竞争力，从企业理念到企业文化，无不体现了人才兴企的价值观。招聘官网是人才与企业之间的一座桥梁，通过招聘官网，看到的不仅是岗位的需求和公司的福利，更是企业文化和品牌价值观的传递。

无论是能让你感受到公司底蕴和能实现人生价值的社会招聘官网，还是充满活力、敢于创新的校园招聘官网，我们都会采用一些情感化的设计元素来打动人心。初见是一种缘分，留下便是相互的信任。我们期待更多有抱负、有梦想的有缘人加入迅雷这个大家庭。

4

第 4 章

平衡商业价值与用户价值的设计之路

商业价值与用户价值孰轻孰重？在进行产品设计时，要突出商业转化又要考虑用户体验，设计师往往苦恼于"按钮大破坏页面整体视觉效果，按钮小用户点击欲不高""推广内容在吸引用户注意的同时又打扰了用户阅读或操作"，种种问题仿佛将我们卷入了一个不可调和的矛盾体，在它们同时出现的时候总免不了唇枪舌剑。这个时候多希望能够找到一种方法，帮助设计师找到一个可以完美平衡两者的设计方案，而寻找这个方法是设计师的一个重要修炼过程。本章中我们将一起了解什么是商业价值和用户价值，平衡二者的方法有哪些，如何验证方法应用的效果，以及设计师在这个过程中不断成长的自我修养。

4.1 商业和用户的关系

4.1.1 商业产品与用户产品

互联网产品主要有商业产品、用户产品和平台产品等几种类型，谈论较多的是商业产品和用户产品（见图 4-1），一般我们说的商业产品，是指 ToB 产品（To Business），面向商户、企业及机构的产品，在产品出现之初商业模式就基本确定，有明确的产品收费方案，例如网易邮箱企业版、QQ 企业版等，都需要企业付费购买才能使用，使用群体也局限于企业内部用户；用户产品，是指 ToC 产品

（To Customer），面向消费者、用户及个人的产品，通过满足用户需求来逐步实现商业利益，在产品出现的时候盈利模式并不确定。目前大多数互联网产品都是用户产品。两种产品的本质差异在于商业模式的不同。商业模式：包含了产品模式、用户模式、推广模式、收入模式，我们提供一个什么样的产品，给什么样的用户创造什么样的价值，在创造用户价值的过程中，用什么样的方法获得商业价值。

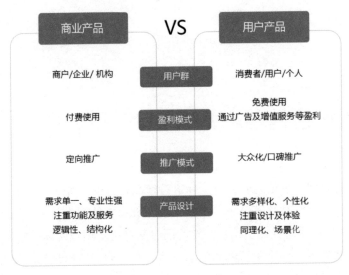

图 4-1　商业产品与用户产品

产品模式的区别带来产品设计的区别，商业产品通常直接面对客户，客户的需求通常是功能高于交互，服务高于体验，设计师对客户和行业的了解尤为重要，如何把比较复杂的业务逻辑清晰化、元素结构化对于设计师来说是个挑战。用户产品面对的是用户，用户的需求是多样化、个性化的，因此产品在设计和用户体验上的差异就成为产品占领用户市场的撒手锏。

4.1.2　商业价值与用户价值

无论是商业产品还是用户产品，最终目的都是商业化，即获取商业利益。正如上文所说，商业产品大多数在诞生之初就有了明确的收费方案，可以为企业带来收益，而用户产品大多是免费使用的，积累了一定的用户量和用户口碑之后，再通过广告、增值服务等方式为企业创造收益，进而走上产品商业化的道路，如图 4-2 所示。

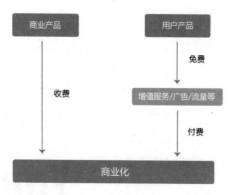

图 4-2　产品商业化

所谓商业价值是指事物在生产、消费、交易中的经济价值，通常以货币为单位来表示和测量。简单来说，商业价值就是以金钱来衡量经济利润的一种价值取向，对于互联网产品而言就是用户付费；用户价值是指某款产品通过满足用户需求，帮助用户解决问题，通常以用户量、用户满意度等指标来衡量。

互联网产品的特性决定了用户是产品发展的重要决定因素，寻找并创造用户价值点是产品的头等大事，但是当产品发展到一定的阶段，追求商业价值的脚步开始逐步逼近，随着广告和增值服务等常见方式的出现，原本简洁、流畅的产品可能会随着各种弹窗、广告位、运营推广等内容渗透而遭到用户的反感甚至是抵触，这个时候困扰我们的问题就出现了，产品的商业价值与用户价值该如何平衡（见图 4-3）？

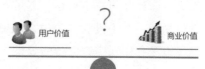

图 4-3　商业价值与用户价值的平衡

4.2　平衡商业价值与用户价值的设计方法

在寻找平衡点的道路上，商业价值与用户价值真的水火不容吗？虽然我们知道答案一定是否定的，但是如何通过行之有效的方法找到这个平衡点？我们所认为的平衡实际效果又如何？我们的目标是商业价值和用户价值可以以一种相辅相成的关系存在，二者螺旋上升，共同带动企业及产品的发展。帮助我们达到平衡的这些方法就如同天平上的砝码，它们的存在对于设计师来说是解决产品和运营矛盾的必备技能，下面我们就来讨论一下可以平衡二者的方法以及实现的效果。

4.2.1 聪明的 YouTube

做产品时，我们需要对产品的商业模式和目标用户有足够的了解，因为创造商业价值依赖商业模式，创造用户价值围绕目标用户，不了解产品、不了解用户的设计一定空洞的，更何谈价值的实现。通过合理的商业模式来保障用户体验是从根源上解决二者矛盾的一种有效方式，也能从中看出一个企业对于其用户的尊重和态度，YouTube 是这方面的典范（见图 4-4），真正做到了商业和用户口碑的双赢。它是如何实现的呢？

图 4-4 聪明的 YouTube

首先，YouTube 推出了只有被持续观看 30s 以上的广告才会收费的 TrueView 模式，允许用户观看 5s 后关闭，并非强制用户观看 30s 或观看完毕，投放广告的客户只为观看超过 30s 的有效用户买单，不必为这些选择跳过的观众支付广告投放费。这种商业模式形成了一把双刃剑，通过允许用户 5s 关闭保护并尊重了用户的自由控制权，用户体验极佳。同时也对广告的质量提出了较高的要求，使用 TrueView 的广告往往前几秒十分抢眼，尽可能地在 5s 的时间内吸引住用户的目光，用高超的剪辑技巧让用户心甘情愿地选择看下去。而那些用户不喜欢、不感兴趣、主动关闭了的广告也就被淘汰了，形成了良性循环。对于投放广告的客户来说，虽然不足 30s 的观看不需要支付费用，但同样也没有达到广告宣传的效果，对用户的转化毫无意义，所以他们还是希望用户看足 30s，于是拼命制作出高质量的广告内容，让用户不再反感，让看广告成为一种享受。所以 TrueView 在提升广告质量进而改善视频用户观看体验的同时，也为广告品牌做了以兴趣为筛选标准的观众匹配，大大提高了广告有效触达率，降低视频网站的用户流失率。这样一来，用户满意，客户满意，YouTube 的商业收益也满意，可见，TrueView 是种多方共赢的模式。

YouTube 在移动端做了一个新的尝试，推出了名叫 Bumper ads 的新广告形成，长度为 6s，但是无法跳过。YouTube 不是用 Bumper ads 代替了之前的 TrueView 模式，而是将其作为一种补充，广告主们可以根据自己不同的需求来使用不同的广告形式。将其与之前 5s 能跳过的 30s 广告相比，本质上 Bumper ads 多续了 1s，但是总时长 6s，对广告的内容和质量提出了更高的要求。

其次，YouTube 的广告可以准确定位到目标人群，所有投放到 YouTube 的广告，在投放的时候都会明确广告关键字、目标人群的资料（如性别、年龄、地域、用户浏览的兴趣和类别等信息），同时依靠 Google 强大的账号系统和数据支持，使得广告的针对性相当强。例如，近期在 Google 上搜索过汽车价格的用户，在看 YouTube 的时候，出现的是 BMW 最新款的广告；用户在准备观看游戏视频的时候，出现的是同类型、同公司游戏的广告等。与用户的行为、兴趣紧紧相连，我们常说"兴趣是最好的转化剂"，真正做到了想用户之所想急用户之所急，用户的感受就不再是反感、抵触，而是惊喜和欢呼。

对国外广告投放数据分析可以发现，YouTube 的 TrueView 广告形式和精准投放，用户点击率明显提升，平均停留时长提高了 15%；吸引而来的广告商同比增加 40%，前一百名广告商在 YouTube 上的投入同比上涨 60%。一支时长超 3min 的广告片，观看超过 30s 以及看完整个广告的受众比例均远超 50%，点击率较常规广告高出数倍。

从 Youtube 的案例中我们可以总结出平衡商业价值和用户价值的几种方法：

第一，结合用户使用场景设计：在用户观看视频的场景下推送广告，而非在页面内堆砌布局；

第二，提升设计质量，给用户在观看时带来愉悦感：高质量的视频创意和内容让看广告成为一种享受；

第三，不同行为和标签的用户设计内容差异化、精准化：推送与当前观看视频强相关或与用户搜索浏览记录强相关的广告内容。

以上几种方法，迅雷在实际项目的需求设计中也均有所应用，并在实践中总结了更多行之有效的方法，下面来逐一看一下这些方法和应用。

4.2.2　方法探寻与应用

1. 结合用户使用场景设计

结合用户使用场景设计，即将设计方案与用户的使用流程和操作界面结合起来，不打断用户的操作或孤立在页面中存在，这种设计方法在迅雷 PC 客户端和手机迅雷 APP 的设计中被广泛应用。

在迅雷 PC 客户端中，除了满足用户下载资源的功能性需求，我们需要将迅雷会员可以加速下载的信息传递给用户，将迅雷会员"下载加速"的王牌特权融合到用户日常的下载场景中，并且在下载中、下载后两个关键触点做了不同形式的引导，增强用户开通会员的欲望，从而拉动会员的收入。

下载中，展示当前下载速度的同时，推荐用户试用会员加速（见图 4-5），让用户切身感受加速前和加速后的差异，试用结束后引导用户开通会员。

图 4-5　迅雷 9 会员加速试用场景设计

下载后，以本次下载任务的"成绩单"切入用户场景，对成绩单进行差异化和显性化设计，对比会员与非会员的下载速度和时长等数据，显性化展示会员福利，让用户直观地看到会员的优势，从而刺激用户转化，如图 4-6 所示。

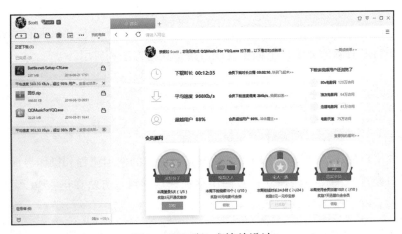

图 4-6　迅雷 9 成绩单设计

　　在移动端手机迅雷 APP 上，我们同样延续了场景化设计的思路，用户通过手机迅雷建立下载任务时，针对非会员用户推荐用户试用"会员加速"，试用后引导用户开通会员，如图 4-7 和图 4-8 所示。

图 4-7　手机迅雷试用引导设计

图 4-8　手机迅雷开通会员引导设计

　　通过场景化的会员特权感知和引导，在迅雷 9 的客户端和手机迅雷的下载任务列表页，会员开通量及转化率极为理想，高于同产品中其他页面的支付转化率。

2. 提升设计质量

　　产品商业化最常用、最直接的方法就是在产品中加入广告、运营活动等内容。提起广告，用户难免会有一些抵触心理，如同电视节目中插播的广告，电影中植入的广告，已被无数次吐槽，产品商业化过程中也很容易让产品变成"广告集散地"，引来用户的反感甚至是弃用。但广告中也不乏创意无限的优质内容，让人们专门为了看广告而来，欲罢不能。例如可口可乐的创意广告，让用户感受到其品牌的魅力和价值；微信朋友圈中根据用户身份推送的广告，成为社交群体中身份、地位的象征；一度红遍朋友圈，被转发无数的移动端 H5 动态创意广告——《吴亦凡即将入伍？》给人耳目一新的感官体验（见图 4-9）……所以，提升广告质量是降低用户负面情绪甚至实现"路转粉"的有效途径。

图 4-9　腾讯游戏 H5 推广广告

提升广告质量的途径包括：广告形式的创新（移动端 H5 互动式）；广告内容的提高。

在迅雷会员 PC 官网的改版设计中，我们尝试告别官网"广告集散地"的形

象，减少硬推广，既服务于会员用户，又让用户清楚地知道会员的特权和优势。形式上，把不同类型的会员、不同的使用状态，用场景化大图和生活化文案展现，以一屏一图的方式，用户每滚动一次鼠标，整屏切换，引导用户的浏览和视觉焦点随着每一屏的切换而更聚焦（见图 4-10 和图 4-11）。

图 4-10　迅雷会员官网场景化会员特权介绍第一屏

图 4-11　迅雷会员官网场景化会员特权介绍第二屏

内容上，摒弃了传统活动和广告页的样式，去掉业务推广的内容（见图4-12），将会员特权的介绍和支付引导这部分重要内容融入用户的实际使用场景中，以真实人物为素材，以更自然的方式打动用户，塑造优质的迅雷品牌形象，告别难以理解的"文字＋图标"的介绍方式、花哨又毫无关联的素材背景，以及孤立突兀的支付按钮，不再给用户强加我们想让他看到的内容。

图 4-12　迅雷会员官网改版前后对比

3. 差异化、精准化设计

互联网产品重视如何更好地满足用户需求，而用户的多样化和个性化决定了同一个需求在不同性格、年龄、地域、时间段的人群中有着非常大的差异，需要在设计的时候就充分考虑到其中的差异，以不同的色彩、风格、元素、样式、操作、反馈等搭配不同的内容，精准地满足不同类型用户的需求。在运营领域中有一个"5R（Right）原则"：将正确的内容（1R）以正确的方式（2R）在正确的时间（3R）正确的地点（4R）推荐给正确的人（5R），也就是我们所说的基于用户的精准推送。设计在这个过程中主要承担输出"正确的内容"，了解产品的定位、目标用户的特征喜好，通过设计将我们对产品和用户的理解表达出来。

将"5R 原则"用到极致的是淘宝网著名的"千人千面"策略。千人千面的概念最早出现在广告学里面，根据心理学中的"迎合心理"演变而来，在很多门户网站的广告系统中应用，例如用户在百度搜索一次"迅雷加速"，那么再去跟百度广告联盟合作的网站，都会在左右两侧，或者文章中、视频中，看到"迅雷加速"的广告。淘宝官网对千人千面的介绍为"定向推广，依靠淘宝网庞大的数据库，构建出买家的兴趣模型。它能从细分类目中抓取那些特征与买家兴趣点匹配的推广宝贝，展现在目标客户浏览的网页上，帮助卖家锁定潜在买家，实现精准营销。"根据用户的购买记录、搜索行为、浏览路径、购物车和收藏夹记录，给每个用户推荐不同类型、不同颜色、不同款式的商品，每个用户看到的内容都不同，同一个用户不同时期看到的内容也不同，真正做到了 5R 原则，转化率得到了极大的提高，示例如图 4-13 ～图 4-16 所示。

图 4-13　女性用户 A 的淘宝
APP 首页页面

图 4-14　女性用户 B 的淘宝
APP 首页页面

图 4-15　男性用户 A 的淘宝
APP 首页页面

图 4-16　男性用户 B 的淘宝
APP 首页页面

在迅雷的产品中，我们将差异化和精准化的设计应用到了不同身份用户看到的个人信息页面上，在迅雷客户端中，进行用户信息展示及引导的时候：

❑ 按用户状态（未登录 / 登录）进行差异化设计，让每一位用户能够感受到这里是自己的地盘，建立产品与用户之间的信任度，如图 4-17 所示。

❑ 按照用户生命周期（非会员 / 会员日常 / 会员快过期 / 会员已过期）在正确的时间引导用户转化、升级或是续费，将商业价值融入其中。

首先，在明确了差异化设计的方向之后，设计需要找到一个可以将差异显性化的表现方式，让用户在不同的状态和身份下可以感受到这些差异。文字介绍方式阅读成本很高，且用户对文字的接受度较低；图标的介绍方式，辨识度较低，信息传递不直观；而图是最好的阅读方式，既可以快速浏览又具有愉悦感，因此我们将表现形式锁定为四格漫画。

其次，我们需要定义出不同类型和身份用户的漫画内容脚本。将漫画场景分为：未登录和已登录非会员、已登录白金会员、已登录超级会员、快到期会员、已过期会员 5 个场景，未登录用户和已登录－非会员用户用四格漫画讲述了会员用户与非会员用户的差异；已登录－白金会员／超级会员用户在展示个人信息，同时用四格漫画表现其当前享受的特权；快过期会员用户引导续费；已过期会员用户情感化召回。大大降低了用户的理解成本和阅读成本，使得用户可以更快速地了解内容。

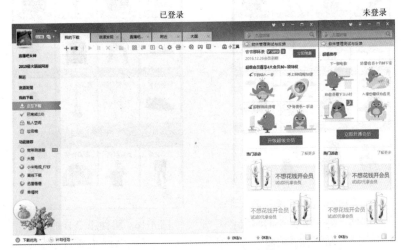

图 4-17　迅雷 7 小秘书已登录／未登录状态漫画引导差异化设计

在用户的生命周期中，每个阶段匹配不同的漫画内容，为拉新和留存两个关键指标的提升带来了良好的数据表现，如图 4-18 所示。

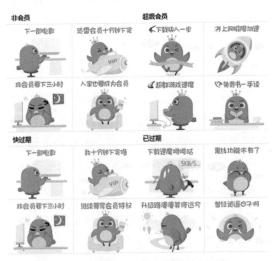

图 4-18　迅雷 7 小秘书不同身份、状态的漫画引导差异化设计

4. 结合产品功能设计

将商业转化的内容结合到产品功能当中，是一种相对友好的设计方法，它理所当然地存在于用户的使用过程中，既满足了内容曝光的要求，又不伤害用户体验和页面的整体效果。例如 QQ 聊天窗口中，在文本模式聊天对话的基础上为其增加了气泡模式。气泡的样式可以根据个人的喜好更换。这时候在气泡的使用上出现了会员与非会员的差异（见图 4-19 和图 4-20），对于用户而言，聊天气泡是跟随着用户社交过程中的每一句发言而出现，是他自身的一部分，所以选择自己喜欢的、好看的、可以代表自己形象的或者攀比别人的样式，就成了用户转化的一个强有力的而又自然而然的动机。

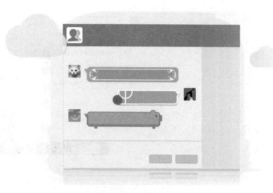

图 4-19　QQ 客户端对话气泡设计

图 4-20　QQ 对话气泡 VIP 引导设计

这种方法我们在迅雷 9 客户端中进行了尝试和应用，在用户下载资源的"资源详情 – 资源评论"功能中，通过设计会员和非会员的评论样式差异，增强会员用户评论时的专属头像、红名氛围，打造会员的优越感和尊贵感，满足用户在社交群体中寻求存在感、炫耀的心里诉求，如图 4-21 所示。

图 4-21　迅雷 9 资源评论会员与非会员评论差异化设计

同时，对该功能下带来的支付转化浮层做了设计优化，用户在当前页面点击开通会员时，弃用了通用的支付浮层，与用户的心理预期不符，匹配当前功能凸显评论红名和身份名牌的特权，保持信息的连续性，让用户的操作一气呵成，如图 4-22 所示。

图 4-22　迅雷 9 会员评论特权支付引导浮层设计

5. 理性化设计

理性化设计是借助理性的方法做决策的一种设计思维方式，在进行设计方案筛选和决策的过程中，当遇到强烈的个人主观意愿主导时、当多方意见无法达成一致时、当商业和用户平衡的设计方案受到质疑时，为了减少主观因素对产品的影响和干扰，我们将产品放到市场中，用最客观、最真实的用户反馈来决定和验证方案与用户需求之间的匹配度，设计师需要了解这些方法以及每个方法的实现方式和适用条件，推动方法的应用，为保持设计的主动性，创造良好的设计环境。

（1）接受度测试

在设计初期，快速输出设计原型，将设计原型给到目标用户，模拟使用场景，测试用户对该方案的接受程度并从中发现问题，及时进行优化和修改，避免当方案的完成度较高时修改带来更大的工作量，同时也为设计方案提供了可靠的依据，更经得起挑战和推敲。设计师输出的原型可以是纸面原型（见图 4-23），模拟操作环境；也可以用制作快速原型的设计软件来输出可在手机中真实交互的原型，例如 POP（Prototyping on Paper）和 Mockup Builder 等。

图 4-23　纸面原型（来自百度）

接受度测试方法的优势是快速、修改成本低，无论是大版本上线、迭代，还是小的功能点优化都适合，但需要有日常维护的目标用户群体，可以配合快速地给出反馈和测试结果，如图 4-24 所示。

（2）小流量测试

小流量测试是快速验证设计想法和设计方案合理性的最有效方法之一，即在当前产品的总访问流量中分配一小部分流量（百分比一般为 10% ～ 20%，依据具体情况自定义），这一小部分流量带来的用户看到的是测试方案，将测试方案中的各个数据与大流量方案中对应的数据做对比，若数据表现好，则将测试方案做全量推广，若测试效果不理想，因占比较小，对整体大数据的影响也相对较小。

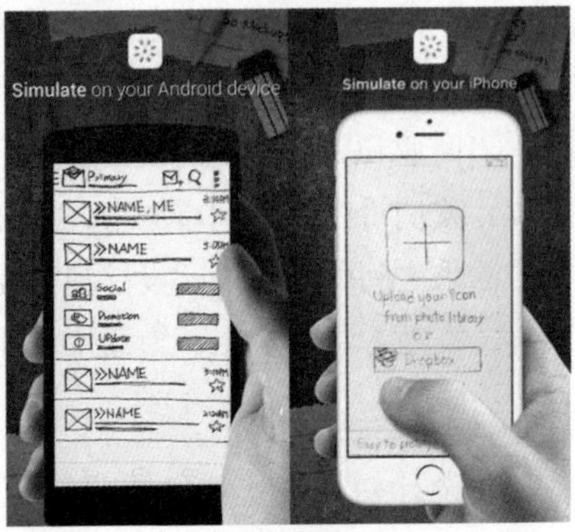

小流量测试分两种情况：对于新产品而言，在全面投入市场前，可以邀请一部分用户率先使用，收集用户反馈和优化建议，观察产品在使用过程中的表现，经过迭代优化后再发布正式版；对于老产品的优化，可以选择在部分版本或者部分流量的用户中展现优化后的方案，通过这部分的数据反馈与老版本进行数据对比，从而验证新版本的效果。

图 4-24　原型模拟测试（来自百度）

我们来看一个小流量测试的案例。迅雷 PC 客户端 7.0 是较稳定且用户量较大的版本，也是实现产品商业化的重要渠道，在其核心的下载页面右侧，预留了一个用户信息展示和引导会员转化的区域。在当前方案的数据表现趋于稳定的时候，我们想尝试用一种全新的表现方式体现会员的特权和氛围，但在设计风格和内容展示上如何突破，是困扰设计师的一个难题，最终我们尝试了全新的思路和设计方向，但对现版改动较大且之前从未尝试过，所以对于改版的效果并没有十足的把握，为了稳妥起见，我们建议将 20% 的流量投放到全新的方案，观测 5 天的数据表现后，对比设计方案。

虽然全新方案在视觉上更加聚焦，烘托出了成为会员的氛围，也简化了信息内容，但缺少了用户归属感，与用户自身的关联性断了，将功能区域变成了单纯的广告推广，用户对这种方式并不买单，会员开通量下降了近 40%。而因为只切了 20% 的流量，对大局的影响程度还相对可控，庆幸在最初选择了小流量测试的方法。

虽然小流量测试方案的数据表现不好，但这就是测试的意义所在，我们总结了这一轮的失败经验后，卷土重来。重新分析设计定位，优化方向：第一，现有方案在上线之初，数据上升的效果是非常明显的，因此我们可以得知，用户对右侧区域个人归属感的认可度，有头部的个人信息，该区域则被定义为"我的"，没有就变成了"广告"；第二，现有方案的数据经过一段时间的增长后趋于稳定属于正常现象，借用罗永浩做锤子手机的一句格言："改变是为了更好，而不是为了改变而变。"因此，我们在验证过的好的内容的基础上（见图 4-25）将好处放大，现有方案的情感化漫画是好的，小流量测试方案 A（见图 4-26）的页面信息清晰、聚焦是好的，因此将两者结合起来，我们又输出一个新的方案 B（见图 4-27），同样是用 20% 的流量做测试。

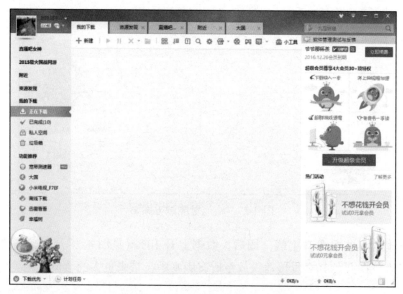

图 4-25　迅雷 7 小秘书现有方案

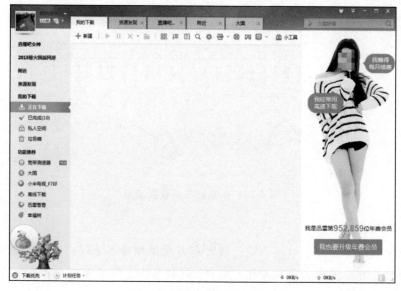

图 4-26　小流量测试方案 A

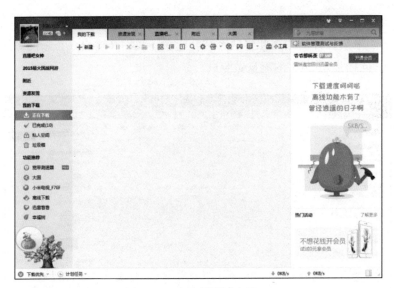

图 4-27　小流量测试方案 B

　　小流量测试方案 B 上线一周后，数据上升 10%（见图 4-28），表现较好，数据稳定后，将方案 B 全量覆盖投放至所有版本中，带来更多的会员转化。

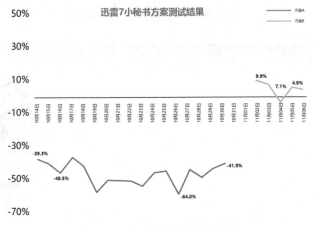

图 4-28　小流量测试数据结果

（3）A/B 测试

　　当我们对多套方案举棋不定，或者多方意见相持不下时，也可以做 A/B 测试：综合各方建议输出方案 A 和方案 B，同时上线，观察 A/B 方案的数据指标，用最客观的数据表现来验证方案的可行性、匹配度和用户接受度。

再来看一个 A/B 测试的案例。迅雷会员有三种类型：白金会员、超级会员、年费会员，其中白金会员是这个大军团中的绝对主力军，对整个会员体系的收入贡献最大，因而白金会员的留存率直接影响到用户量、开通量、收入指标等多个商业目标的 KPI，所以我们的目标极其明确，需要对即将过期的白金会员的留存和已过期的白金会员的召回做触达和引导。

明确了业务目标和设计目标后，从目前迅雷的产品体系和推广渠道来看，留存触达的渠道有很多，但是我们优先选择会员官网和会员用户关联性最强的渠道做落地方案的尝试。

我们对会员官网的用户来源和用户类型做了分析：

1）会员官网开通 / 续费的关键用户触点：

❑ 会员快到期用户主动访问官网，续费强入口——首页

❑ 会员查看个人信息访问官网，刺激 + 引导——我的会员页

❑ 外部链接带到官网，介绍 + 引导——首页 + 功能特权 + 会员介绍

2）不同类型用户的切入点：

❑ 新用户——关注会员有用、尊贵

❑ 老用户——关注会员优惠、情感

对应我们的设计目标，推导出设计定位，如图 4-29 所示。

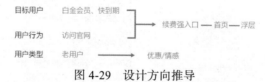

图 4-29 设计方向推导

因此我们将设计方向锁定为首页浮层、推优惠、打情感牌，采用弹窗样式的强触达，只针对会员有效期已小于 15 天的以及会员过期 15 天以内的用户做定向投放，但是对推送给用户的内容斟酌了很久，弹窗的触达方式很强，我们希望内容可以尽量精准，将对用户的打扰降至最低，对于老用户而言，优惠和情感化哪一个更能打动用户？

1）15 天后过期的白金会员用提前续费优惠和特权展现两种方案做 A/B 测试，

如图 4-30 和图 4-31 所示。

图 4-30　会员过期前 15 天续费浮层方案 A　　　图 4-31　会员过期前 15 天续费浮层方案 B

　　2）已过期 15 天内的白金会员主打情感牌，唤起用户曾经使用会员时建立起的感情，以情感化文案和四格漫画两种方案做 A/B 测试，如图 4-32 和图 4-33 所示。

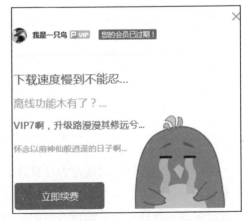

图 4-32　会员过期后 15 天召回浮层方案 A　　　图 4-33　会员过期后 15 天召回浮层方案 B

　　从两组 A/B 测试的结果可以看出，过期前，限时折扣的方案数据表现更好一些，过期后，四格漫画的方案数据表现更好一些，如表 4-1 所示。

表 4-1　A/B 测试数据反馈

设计方案	会员到期前 15 天续费浮层		会员过期后 15 天召回浮层	
	方案 A	方案 B	方案 A	方案 B
支付转化率	4.61%	6.28%	24.55%	25.22%

　　但是从四个方案整体来看，过期后的用户召回效果要明显好于过期前的，除了选择的切入点不同以外（优惠、情感化等），从数据中我们还发现，在支付成功率方面，点击"立即续费"按钮的成功率要远高于扫二维码支付的成功率。为什么？我们分析可能是因为用户在弹窗上扫描二维码就直接进入了支付页面，让用户的心理预期变化过快，并没有做好支付的准备，而按钮的文案引导比较明确，用户主动点击支付按钮就已经具备支付的动机。然而，分析看上去似乎很有道理，但是我们还是利用了互联网快速验证的优势，让数据说话。对即将过期的两个方案进行了修改，做了第二轮的 A/B 测试，来验证二维码和支付按钮对支付影响，如图 4-34 所示。

图 4-34　快到期催费浮层 A/B 的优化方案

　　设计本是感性的，对于色彩、样式、内容、操作，每个人的预期都不同，但是产品设计不是为个人而做，从产品最初的需求来源到方案落地，每一个环节都需要客观地从真实场景和用户需求出发，我们往往会陷入自身或项目相关人员的主观意愿中找不到方向，或者从我们现有的经验中无法判断到底如何是好的，因此，设计师学会运用理性的方法辅助设计方案落地非常重要。

6. 第一屏设计

　　第一屏指的是用户在浏览页面时，根据屏幕大小，不需要滚动鼠标或滑动屏幕就展现出来的内容。大数据统计显示，PC 页面用户滚动鼠标查看第二屏的比例仅为 30%，页面越长，底部的内容曝光率越低。根据 "2 秒法则"，用户在页面的停留时间仅为 2 秒，第一屏的设计可否让用户在 2 秒内看懂，吸引用户的注意力并继续浏览，对用户的转化至关重要。因此做设计时，在整体考虑页面布局和内容的同时，还需要关注两个重要环节：第一屏的高度：重要信息完整展示给用户；第一屏的信息传达：重要信息合理、清晰地展现给用户。

从百度统计的屏幕分辨率的使用情况来看（来源于百度统计所覆盖的超过150 万的站点，而不是 baidu.com 的流量数据），如图 4-35 所示，PC 端使用率较高的屏幕尺寸为 1920×1080、1366×768、1440×900，移动端使用率较高的屏幕尺寸为 360×640、720×1280。不同的产品和页面适配的屏幕尺寸可能都有所不同，设计师需要充分考虑到最小高度下的页面展示内容，以保证小屏用户也可以阅读到重要信息，并在必要的时候根据不同的尺寸设计多个不同的页面布局和样式，以保证用户在多种状态下都可以浏览完整的信息，减少流失，提高转化。

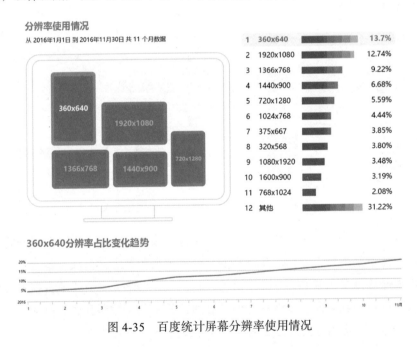

图 4-35　百度统计屏幕分辨率使用情况

例如，我们在 PC 上设计一个活动页面，引导用户下载并安装 APP，完整的设计稿如图 4-36 所示。

内容在 1920×1080 屏幕下的效果如图 4-37 所示，页面高度可以将核心内容在一屏范围内全部展示。

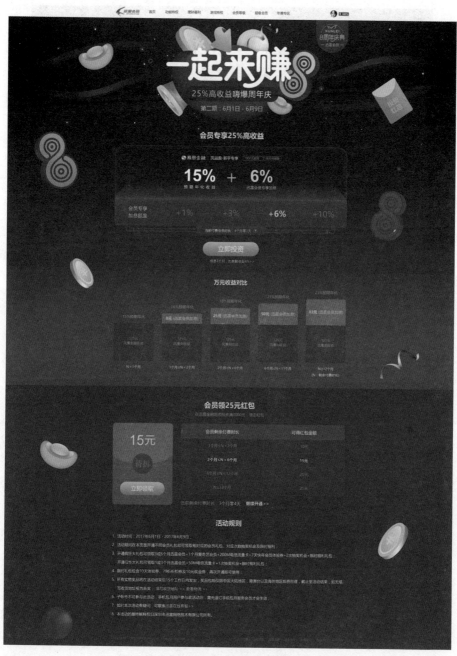

图 4-36　页面设计完整稿

图 4-37　页面在 1080 高度下的展示效果

而在 1366×768 屏幕下就出现了问题，第一屏的开通按钮不见了！因为在该屏幕尺寸下，第一屏的高度只有 768（见图 4-38），而设计师设计的页面核心内容没有控制在 768 高度以内。

图 4-38　页面在 768 高度下展示效果

因此，第一屏的高度设计至关重要。首先，需要控制在第一屏高度范围内，其次将信息合理布局在其中，让用户在第一屏清楚地了解信息的同时实现重要的商业转化，对于页面和设计的商业价值体现来说都非常重要。

4.3　如何验证设计方法应用的效果

对于用户体验设计团队和设计师而言，体验价值和设计价值的体现一直困扰着他们，近 10 年来，随着用户体验行业的发展，我们也在不断地探索，在互联网公司中，摸索出来的最有效的方式就是将设计效果与商业指标对接，从用户体验的维度设立一系列数据指标，通过数据的变化来验证设计效果，让数据来说话。

4.3.1　与商业化数据指标对接，推导点对点验证指标

数据指标的维度和指标项有很多，但是不同的阶段、不同的目的以及不同的岗位所关注的指标项都会有所不同。例如，同一个产品，产品经理会关注新增用户量、日活跃用户量、用户留存率、核心功能点击量、用户使用时长等关键指标，而运营人员则会更关注点击量、展现量、转化率、成功率等和商业转化相关的指标，那么对于设计师来说，我们关注哪些指标来验证设计效果呢？同样的，当设计面对不同的产品、页面、目标的时候，用户体验指标也会动态变化，在具体的项目中，我们可以应用谷歌的 GSM 数据模型来帮助我们确定具体的指标。

"GSM"是设计目标（Goal）、现象信号（Signal）、衡量指标（Metric）三者的英文首字母，在使用这个模型的过程中，首先需要明确设计目标，然后根据不同的设计目标来进行倒推，我们假设设计目标达成了，用户则会带来哪些现象信号的反馈，最后根据这些现象信号确定哪些可以转化成数据指标，找到了需要的数据指标后，待产品上线后，关注这些指标的表现来验证目标是否达成，如图 4-39 所示。

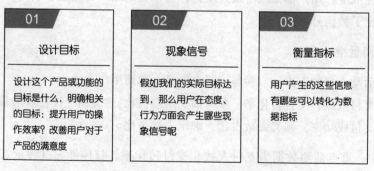

图 4-39　谷歌 GSM 数据模型

例如，运营策划了一个"一分钱开通迅雷会员"的活动，目的是吸引新用户开通，那么我们逐一来看一下这个活动的 GSM 模型，如图 4-40 所示。

图 4-40　活动页面

1）目标（G）：吸引度、参与度、完成度。

❑ 对用户有较强的吸引力；
❑ 用户参与活动的积极性高；
❑ 用户对设定任务的完成度高。

2）信号（S）：如果我们达成了以上目标则。

❑ 吸引度：吸引更多用户访问此活动，更多用户参与此活动，参与的用户乐意邀请更多好友；
❑ 参与度：访问的用户都愿意一分钱开通，开通的用户都参与了抽奖，用户不停地分享邀请链接给好友；
❑ 完成度：用户都完成了最终支付，可领奖的用户都完成了领奖，用户都绑定了微信号。

3）衡量指标（M）：

❑ 活动入口的点击量，参与按钮点击量，邀请用户占比；
❑ 支付人数，支付转化率，参与抽奖用户占比，"复制"按钮点击量；
❑ 支付成功率，领奖人数占比，绑定人数占比。

其中，重点监测数据为支付人数和支付转化率。具体推导过程示意如表 4-2 所示。

表 4-2　GSM 指标推导

目标	信号	衡量指标
对用户有较强的吸引力	吸引更多用户访问此活动	活动入口的点击量
	更多用户参与此活动	"一分钱立抢"按钮点击量
	参与的用户乐意邀请更多好友	邀请用户占比
用户参与活动的积极性高	访问的用户都愿意一分钱开通	支付人数 支付转化率
	开通的用户都参与了抽奖	参与抽奖用户占比
	用户不停地分享邀请链接给好友	"复制"按钮点击量
用户对设定任务的完成度高	用户都完成了最终支付	支付成功率
	可领奖的用户都完成了领奖	领奖人数占比
	用户都绑定了微信号	绑定人数占比

4.3.2　验证指标的应用

建立起了衡量指标之后，我们围绕着目标和用户信号进行设计方案的落地和转化，设计方案要在用户体验和视觉效果的基础上，充分考虑关键指标在设计点的实现，待上线后监测各个指标的数据表现情况，进行有针对性的验证及优化。

"一分钱开通迅雷会员"活动上线后，其他衡量指标数据表现较好，用户对活动的积极性和参与度都很高，但是在支付人数和支付转化率两个重点数据中，我们发现支付转化率并未达到预期，因而对支付流程进行了新一轮的梳理，定位问题：原逻辑为先点击"一分钱立享"按钮，出现支付选择的中间页，再次点击"确认支付"按钮后，进入二维码扫码支付页面，支付操作重复出现，两次跳转造成流失率较高。我们对支付流程进行了简化，改版后点击"一分钱立享"按钮直接进入二维码扫码支付页，减少用户的操作步骤，使操作更为顺畅，降低流失率，如图 4-41 所示。

图 4-41　支付流程优化

优化后继续观察数据，拉新人数提升了 1.35 倍，支付转化率明显提高，如图 4-42 所示。

可见，当我们设定了衡量指标后，设计师可以清晰地看到设计方法和思路对应的关键设计点的效果，不再迷茫于找不到设计价值的体现点，也不用对着一堆没用的数据苦苦筛选和研究，再进行设计优化时也变得目标明确、清晰，更加有的放矢。

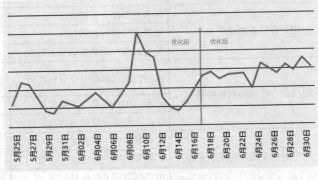

拉新人数

图 4-42　优化后数据反馈

4.4　设计师的商业化修养

设计师在平衡商业价值与用户价值的过程中，除了掌握一些有迹可循的设计方法外，还需要从根本上提升自身在商业、产品、运营等方面的素养，内外兼修，才能在设计的过程中游刃有余，拿捏得当。

1. 使用对方的语言和思维来表达观点

设计师是一个需要专业技能的职业，我们有专业知识的深度，更要有相关知识的广度，能够和产品经理讨论业务，能够和运营探讨数据，能够运用同理心站在用户的角度思考问题，能够和开发碰撞实现效果……我们需要懂得一些他们的语言和思维方式，在设计的领域里多跨出一步。设计师应具备的综合素质如图 4-43 所示。

2. 具备产品化的设计思维

正如上面所说，设计师要可以与产品经理对话，懂得产品经理的思维方式，设计师在做设计的时候需要开启产品化的设计思维模式（见图 4-44），那么设计师如何培养"产品思维"呢？

图 4-43　设计师综合能力修养

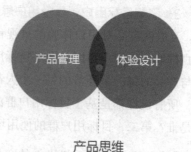

产品思维

图 4-44　设计与产品共通的产品思维

第一，具备系统化、全面化的思维方式和设计表达，不要局限在某一个点的设计要求和完成效果上，而是从产品的整体结构、效果和体验出发，思考问题的格局放眼于全局。如果设计成 A 方案，那么对用户侧、商业侧和产品使用侧等上下游分别会有什么影响，优劣点各是什么？

第二，具备系统化、全面化的工作方法，实现设计闭环（见图 4-45）。设计师要参与到项目中去，并在设计前、设计中和设计后的全流程中跟进，对产品负责，也对自己的设计输出负责。上线后，效果的跟进和反馈极为重要，千万不能认

图 4-45　设计系统化思维

为只要设计稿输出了就万事大吉，最终设计效果的好坏是对设计价值最有力的证明和肯定，设计师也可以通过每一次的成功与失败总结经验，以获得自身的成长和提高。

第三，必须具备同理心，避免将主观意愿和个人喜好强加到产品中，客观地将功能和任务带入到真实用户的使用场景中，以用户需求和喜好为导向。

第四，身份角色的转化，设计师是需要对产品负责的人，发挥主人翁意识，而不仅仅是产品实现环节中的一个环节，产品的使用体验和视觉效果是影响产品成败的关键因素，而设计师就是这个关键因素中的关键人物。

3. 了解目标用户，具备用户思维

互联网产品对用户体验的重视程度已经不言而喻，其产品的特性决定了生死存亡都取决于用户，因此满足目标用户的真实需求是每个产品都想做到的，需要参与产品的每一个环节的每一个人都把它作为终极目标。设计师需要时刻提醒自己，所有设计都是基于目标用户群的。那么，这就有两个问题：第一，目标用户群是谁？第二，目标用户群的使用场景、行为习惯和特征喜好是什么？

例如，我们在做手机迅雷的产品优化时，通过数据分析来了解目标用户，进而进行有针对性的分析和优化。通过数据我们关注：手机迅雷的用户是谁？从哪里来？做了什么？为什么这样做？对用户的相关研究，如图 4-46～图 4-48 所示。

用户构成（30天）

高质量用户是谁？

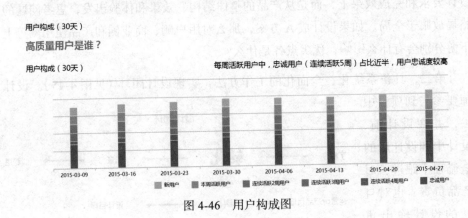

图 4-46　用户构成图

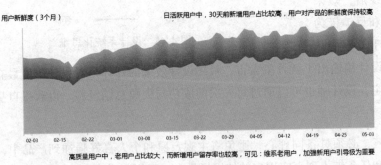

高质量用户中，老用户占比较大，而新增用户留存率也较高，可见：维系老用户，加强新用户引导极为重要

图 4-47　用户新鲜度

从数据中，我们得到了用户的基础画像和行为习惯，并且可以模拟出"用户的一天"的使用场景。基于用户画像和场景，清楚地将一个有血有肉、活灵活现

的目标用户展现在我们眼前，如图 4-49 所示。

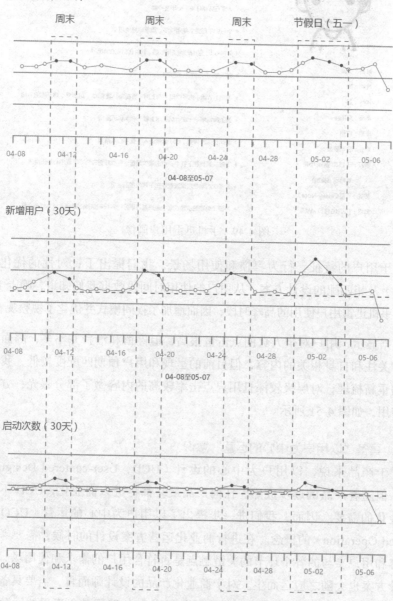

图 4-48 手机迅雷用户使用习惯

基于数据，看到我们的手雷用户是这样的…

姓名：小雷

性别：男

年龄：25

星座：摩羯座

现居：广州

职业：公司职员

爱好：IT 汽车 游戏 电影

　　看网易 刷微信

装备：三星Galaxy Note3

网络：移动4G包月＋Wifi

使用习惯

- 客户端获取渠道多为在手机下载时推荐

- 对搜索的准确性、内容质量要求较高

- 大多在Wifi环境下使用客户端

- 平日中午和晚上使用较多；周末早晚使用

- 1小时以上空闲时间使用率高，碎片化时间使用较少

- 晚上使用时间较长较集中

- 家里（Wifi）也多使用手机上网、看视频、看新闻、玩游戏，嫌开电脑麻烦

- 晚上睡觉前，一定会躺在床上看一会手机再睡觉

- 使用目的性较强，启动直接进入下载中心或搜索

- 下载完直接在下载中心点击播放观看，继续观看时仍去下载中心点击播放

- 会多次启动客户端查看正在下载内容的进度

- 习惯了免费的资源获取，但愿意在更好的特权和资源的基础上成为付费会员

图 4-49　手机迅雷用户画像

　　基于用户的特征、行为习惯和使用场景，我们提出了针对性的优化点（见图 4-50）及相匹配的设计方案：从用户的使用时间段数据我们知道，晚上 10 点钟以后是手机迅雷用户使用的高峰时段，因而增加了夜间模式并优化了视频观看模式。

　　数据显示，用户对个人页的点击量很高，但停留和消费并不多，因而我们得知用户关注和自身相关的内容，但目前的呈现和用户预期匹配度较低，我们将信息架构重新梳理，对层级较深且用户点击率较高的内容做了部分曝光，方便用户快速使用，如图 4-51 所示。

4. 具备"以用户为中心的运营"意识

　　对于产品来说，以用户为中心的设计（UCD，User-centered Design）非常重要，但随着产品的逐步成熟，任何产品最终都将进入商业化，UCD 不足以满足商业化的需要。因而，我们进一步提出了以用户为中心的运营（UCO，User-centered Operation）的概念。在进行商业化运营方案设计的时候，需要考虑策划的内容和用户参与的各个环节的关键触点是否符合用户的需求和使用场景，最终的设计方案也会随之应运而生。对于商业化产品的设计师而言，需要具备以用户为中心的运营的思维，并引导运营策划以用户为中心开展全流程的运营方案设计，进一步实现用户价值与商业价值的平衡。

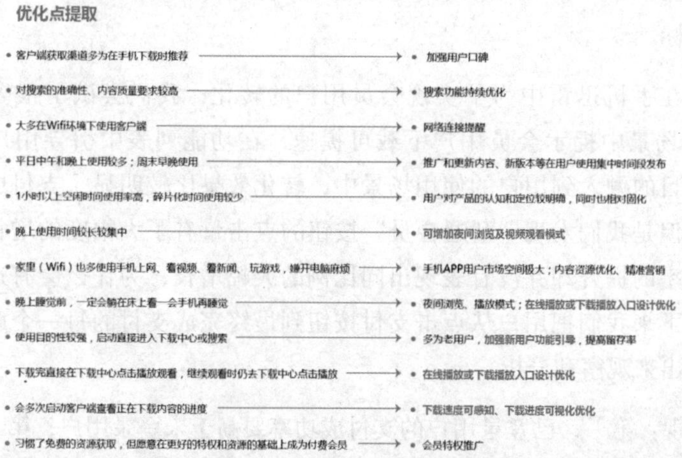

图 4-50　手机迅雷优化点提取

图 4-51　手机迅雷——个人页优化思路

5. 培养数据敏感度

大数据时代，数据挖掘和数据分析成为新一轮的热潮，作为互联网行业的设计师，也需要时刻保持对产品数据的敏感度和敏锐度，首先要关注数据，其次要看得懂数据，再次要可以从数据中发现问题和总结经验。前面提到的 GSM 数据模型能有效地帮助设计师找到可以验证设计效果的数据点，接下来当数据有了实际的反馈后，除了基本的指标提升和下降外，还需要设计师从数据中发现规律，观察和了解用户，并从中洞察到问题以及可以优化的着力点，为下一步的迭代提供依据和目标。

例如，在手机迅雷中为了实现会员用户的转化，我们尝试了很多种引导方式，在下载场景中提示会员用户下载可提速，在功能列表中引导用户试用特权等，将商业目的融入到用户的使用场景中，转化效果比较明显，支付成功率也得到了提升，但是我们发现"开通会员"按钮的点击量有了大幅度的增长，而实际的支付成功率的提升却并没有表现出同比例的大幅增长，为什么会有这样的数据表现呢？接下来我们把用户从点击支付按钮到最终完成支付的每一个触点及其转化率逐一拿出来观察和分析。

结果发现：第一，已登录用户的支付成功率要高于未登录用户；第二，未登录用户中，点击支付按钮进入登录界面的跳出率要远高于后续其他支付步骤的跳出率，也就是说登录界面在用户支付流程中给用户造成了一定的门槛；第三，当用户完成了登录操作后，后续支付步骤的转化率趋于稳定。因此，我们把问题定位在登录页面上，针对未登录用户，将支付页面前置，登录页面后置，降低操作门槛，因而卡在登录页面的这一部分用户被召唤了回来，整体的会员转化率又有了进一步的提升，如图 4-52 所示。

在平衡商业价值与用户价值的设计之路上，我们不断探寻各种方法和理论，在实践中得以应用，通过数据验证方法的有效性并反复总结，在感性设计中融入了诸多理性的元素，因为我们知道在实现产品商业价值的过程中，必定会经历商业与用户的矛盾、主观因素的干扰等，最终呈现给用户的内容如何平衡矛盾、避免干扰，设计师需要借助客观的方法和数据，不断地自我提升，内外兼修，才能让设计之路走得更远、更宽。

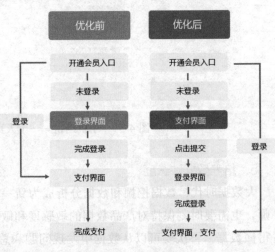

图 4-52　手机迅雷登录界面后置流程优化

第 5 章

通向创新之路

5.1 探索创新之路

创新与哲学有些相似（如图 5-1 所示），两者看起来都很高深，好像都需要灵感。实际上，哲学源于哲学家们对生活的观察和研究，然后进行高度概括和总结，哲学家们大多都是普通百姓，只是他们把更多的时间用在了思考根源问题上。我们是否可以效仿哲学的诞生过程，整理出一套创新的方法论呢？

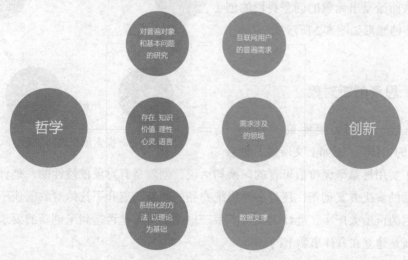

图 5-1　创新与哲学的相似性，可以有所借鉴

我们可以了解到，哲学是对普遍的和基本的问题进行研究，这些问题通常和存在、知识、价值、理性、心灵、语言等有关。其批判的方式通常是系统化的方法，并且以理性论证为基础。对于创新而言，普遍的和基本的问题是互联网用户的普遍需求，而存在、知识、价值、理性、心灵、语言等则是需求涉及的领域。一个项目的好与坏通常需要一套数据来支撑，这也就是哲学的以理性论证为基础的系统化方法。

可参考的对象有了，那么该如何去形成方法论呢？提到哲学，毫无疑问会想起哲学三大终极问题：

我是谁？

我从哪里来？

我要到哪里去？

这三个问题可以理解为"认识你自己"，而我们需要的创新是不是可以理解为"认识需求的本身"？因为创新离开了实用性，是毫无价值可言的。就像科学家合成了新粒子，如果不去应用，就永远只是存在于历史中。只有彻底认识了需求本身，才能为我们所用，从而激发出无限的创意我们的创新之路的雏形如图 5-2 所示。

图 5-2 探索创新之路雏形

5.2 思考创新对象

首先，我们需要明确一点——"创新的主体"。正如上文所说，创新离开了实用性是毫无价值可言的。换句话说，创新是有对象依赖性的。是针对一个问题的解决方案创新，还是一件传统物品的创新？离开了具体对象就谈不了创新，因为范围太广了，会让人无从下手，也无从对比是否达到了创新的要求，所以创新是建立在具体事物上的。

认识对象背景是开始创新的第一步，市场调查报告首先要写市场背景，项目可行性报告第一条也是项目背景。背景究竟是什么，很多人觉得背景是一个很虚的词，不了解的人往往会无从下手，更有甚者如果理解错背景，在第一步时就走错了方向，导致整个结论不可行，浪费时间也浪费金钱。

上文提到了哲学的三大问题，也适合于创新问题。我们需要确立一个创新的目标对象——比如我们目前在探索团队创新建设，结合例子来看如何解决问题。

案例：团队创新建设

1. 我是谁？（团队的构成要素）

我们看到主题是"团队"，要分析团队的背景，可以换成分析团队的构成要素。团队有公认的 5 大构成要素，称为 5P，即目标（Purpose）、人（People）、团队的定位（Place）、许可权（Power）、计划（Plan）。这样我们就从一个词分解出了 5 个实质性的小标题了。

2. 我来自哪里？（构成要素的定义）

弄清了背景的构成要素后，毫无疑问，还要去弄清它们的定义。只有这样我们才能够有参照标准，找出目前我们需要面对的问题。

团队构成要素的定义如下（见图 5-3）：

- ❏ **目标**：团队应该有一个既定的目标，为团队成员导航，知道要向何处去。没有目标这个团队就没有存在的价值。
- ❏ **人**：人是构成团队的最核心力量。目标是通过人来实现的，所以人员的选择非常重要，要考虑人员的能力、技能是否互补，以及经验。
- ❏ **团队的定位**：团队在发展过程中处于什么位置，各成员在团队中扮演什么角色？

图 5-3　团队构成五大要素

- ❏ **许可权**：团队中领导人的权利大小与团队的发展阶段相关，一般来说，团队越成熟领导者所拥有的权利相应越小，在团队发展的初期阶段，领导权是相对比较集中的。

❑ 计划：目标最终的实现，需要一系列具体的行动方案，可以把计划理解成目标的具体工作的流程。

根据以上定义，我们来进行自我解剖。

对自我的团队背景分析如下（见图5-4）：

❑ 目标：团队没有既定目标，包括短期目标和长期目标。

❑ 人：团队成员工作内容独立，没有协同工作经验。

❑ 团队定位：团队定位为设计与开发的纽带，依赖于工作性质的定位。

❑ 许可权：团队在组织中属于技术型业务，决定权小。

❑ 计划：工作计划依赖于上游设计需求。

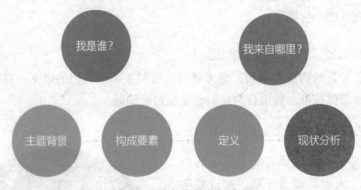

图 5-4 对象背景分析步骤

我们能看到，组内的团队现状与标准之间还有一段很长的路要走。相信大家也能够了解，为什么认识背景是开始创新的第一步了吧。对背景足够了解能够让我们更清楚地找到我们所面临的问题，从而做出相应的改变与创新。

3. 我要到哪里去？（期待怎样的改变）

到了第二步，团队的背景就算分析完了，有了可参考的标准，找到了目前的问题，我们何不多想一步，该如何去寻求改变？很多人以为找到了问题就自然而然找到了解决方案。其实不然，缺乏执行力往往是很多创新虎头蛇尾的直接原因。因此，我们需要把问题的达成目标写下来，照着达成目标去做，才能保证我们的方向不误。

但目标并不是拍脑门随便定的，我们需要一些辅助方法来得到最优方案，所以创新的旅程我们还要继续往下走。我们继续用哲学三大问题来探索创新之路。

5.3 技巧加成创新

头脑风暴也称为创造能力的集体训练法，是无限制的自由联想和讨论的代名词，其目的在于产生新观念或激发创新设想。这一描述与我们的创新意识相吻合，创新需要灵感，而头脑风暴给创新提供了一种可循的方法。

在我们平时的工作中，很多决策是在会议中进行的。由 Leader 主持会议议题，让团队成员进行讨论，这种看似公平和民主的会议，实则多多少少会受到群体思维的影响——在群体决策中，由于群体成员心理相互作用影响，易屈于权威或大多数人的意见，形成所谓的"群体思维"。群体思维削弱了群体的批判精神和创造力，损害了决策的质量。越是有创造力的想法，越是看起来对团队不利，因此也不难看到，即使是有个性的团队成员，碍于一些个人利益，在表达措辞上也会稍加斟酌或部分妥协，最后想法并不能得到很好的实施或者得不到想要的效果。

因此，为了保证群体决策的创造性，提高决策质量，管理学上发展出一系列改善群体决策的方法，头脑风暴法是较为典型的一种方法。

头脑风暴法是由美国创造学家 A·F·奥斯本于 1939 年首次提出、1953 年正式发表的一种激发思维的方法。此方法经各国创造学研究者的实践和发展，至今已成为相对成熟的技法，具体流程可以参照维基百科"brainstorming"的释义。许多实践经验表明，头脑风暴法可以排除折中方案，对所讨论问题通过客观、连续的分析，找到一组切实可行的方案，因而头脑风暴法在军事决策和民用决策中得到了较广泛的应用。

当然，头脑风暴法实施的成本（时间、费用等）是很高的，另外，头脑风暴法要求参与者有较好的素质。这些因素会影响头脑风暴法实施的效果。

目前，头脑风暴在国内很多团队的实际应用过程中流程被简化了，相较于传统会议模式，还是换汤不换药。因此，在实施头脑风暴时一定要掌握会议流程，不要触碰雷区，以免降低会议质量。

图 5-5～图 5-12 所示是我们分析出的目前团队所面临的问题以及团队进行头脑风暴会议时的流程 PPT。

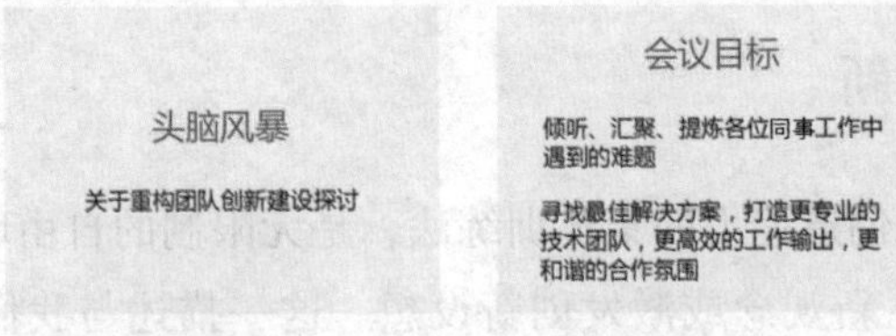

头脑风暴
关于重构团队创新建设探讨

会议目标
倾听、汇聚、提炼各位同事工作中遇到的难题

寻找最佳解决方案，打造更专业的技术团队，更高效的工作输出，更和谐的合作氛围

图 5-5　准备工具 & 会前动员

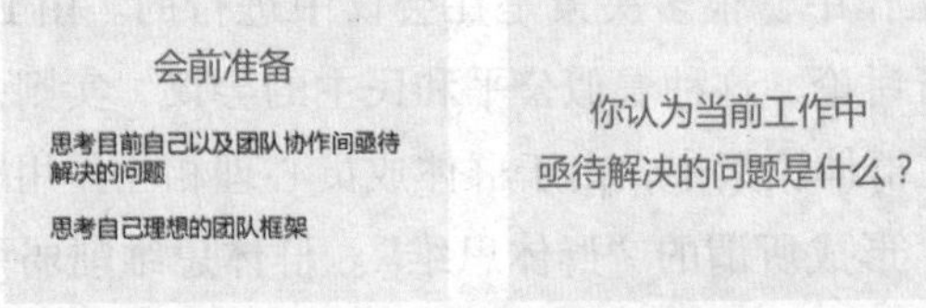

会前准备
思考目前自己以及团队协作间亟待解决的问题

思考自己理想的团队框架

你认为当前工作中亟待解决的问题是什么？

图 5-6　会前准备 & 抛出问题

在每条问题上备注原因

整理问题和原因

图 5-7　汇整答案

个人阐述

你希望的重构框架是怎么样的？

图 5-8　个人阐述 & 抛出问题

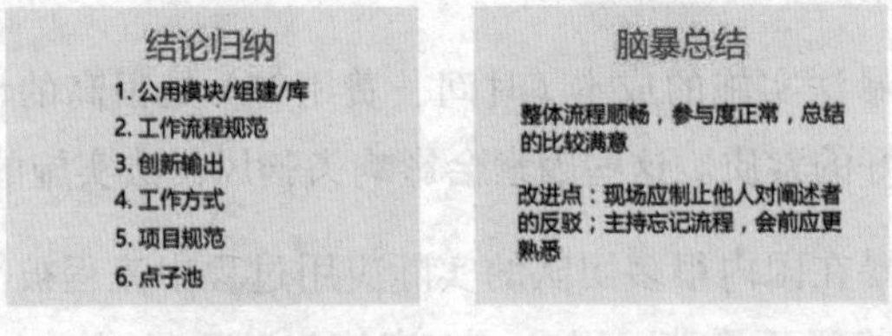

结论归纳
1. 公用模块/组建/库
2. 工作流程规范
3. 创新输出
4. 工作方式
5. 项目规范
6. 点子池

脑暴总结
整体流程顺畅，参与度正常，总结的比较满意

改进点：现场应制止他人对阐述者的反驳；主持忘记流程，会前应更熟悉

图 5-9　归纳总结 & 会议总结

图 5-10　头脑风暴现场

图 5-11　脑暴第一轮，整理输出问题清单

准备工具：空白 A4 纸和笔。

会前动员：调动与会者积极性，希望与会者能够开始在头脑里构思 idea。

图 5-12　根据脑暴第二问结论归纳，结合问题清单，输出大致解决方案

会前准备：先展出脑暴内容，如果对问题没有一定认识，会拉低头脑风暴的结果质量。

抛出问题：把答案写在 A4 纸上，每条问题得到的答案不少于 50 条，每个人必须写出的答案视与会人数而定。例如：10 个人参加会议，可分配每个人写5 ～ 7 个答案。如与会者太多，可进行分组。

汇整答案：把答案汇集起来，列出不同的答案，统计每条答案出现的次数，进行权重排名。如文字太长可进行概括，需问题提出者同意，防止有理解偏差。

个人阐述：每个人对自己的回答进行阐述，确定对问题有清晰的认识，防止滥竽充数。Leader 也能更深入了解与会者的想法。

抛出问题：进入新一轮问题的脑暴，依然需要进行答案的整理和个人阐述，重复图 5-6 中所示的步骤。

归纳总结：把每个 idea 归纳起来，每个 idea 都可以是下一次脑暴的主题，层层细分，直到得到最佳结果为止。

会议总结：完善每一个不足的地方，以期提高下次会议质量。

脑暴结束后，需要迅速地对所得到的问题进行整理分析和输出，如图 5-14 所示，保证在团队成员对会议的内容还保有一个具体印象的时间内让大家看到脑暴结果，从而增加认同感，并对下次的脑暴会议有所期待。对任何事情来说，好奇都是一股很好的推动力。

如果你有机会参与头脑风暴，你会听到很多令人惊艳的想法，也有很多也许你不屑一顾的回答，但在听完提出者的阐述之后，就会对某一个固有认识产生颠覆。这就是脑暴的魅力——灵感的激荡。

说了这么多，想要表达的无非是，创新除了依赖灵感，同时也需要方法的支撑。从图 5-11 所示不难看出，头脑风暴可以汇集无数人，给出无限可能的灵感，但具有创造性的想法往往隐藏得比较深，我们还需要学会辨别。

5.4　案例之少数派报告

解决问题的方法有很多，寻求创新的关键不仅是从众多方法中筛选出有新意的解决方案，更重要的是问题的筛选。解决普通大众最重视的问题只是一条常规的路，解决脑暴出来的权重排名第 10、第 20 条、第 30 条的问题，在方法和领域上才有更多的可能性。

5.4.1　重置闲置资源——赚钱宝在共享经济中"智慧生活"

1. 项目背景

自 1984 年马丁·魏茨曼的《共享经济》一书出版以来，30 年间，我们时常听到各种有关共享经济的讨论，可是我们真的理解共享经济吗？

今天，比较有名的共享经济模型 Uber，就是将闲置的用车资源，通过共享的模式扩展，同时还可以产生实际的经济效益。其实，共享经济早已渗透到我们生活的各个方面，比如享誉全球的 Airbnb，作为短租共享经济的创造者，市值已超过酒店业巨头万豪；成立于 2010 年的 Eatwith，把全球美食打造成了共享饮食的新模式；还有著名的在线医疗 Medicast，利用医患双方的私人时间，创造新的共享医疗价值。

在国内，也有很多共享经济的倡导者，比如分答，就是典型的知识共享模型。在科技领域，则有迅雷赚钱宝，利用智能硬件作为载体，共享带宽存储和计算资源，并由此催生了无限节点的星域 CDN。

分析这些共享经济的案例，我们发现所有成功的共享经济，都具有类似的属性：私有闲置的资源，互助互利的思想，产生额外的经济效益，当然，还需要足够的技术能力来实现。迅雷赚钱宝，正是满足了这些条件的一个智能硬件，2016年 8 月迅雷旗下子公司网心科技宣布赚钱宝升级为共享经济智能平台，这将是怎样一个共享经济的进化之路？

2. 方案分析

2013 年，迅雷 CEO 邹胜龙注意到一个现象，家庭带宽越来越大，但是大部分人在家里上网的时间少之又少，大部分宽带都白白浪费了。同时为了满足用户对于网速的追求，企业还在大量建造数据中心，这是一种双向浪费。如果家庭的空闲带宽也能共享，既能解决普通家庭的宽带浪费问题，收集起来的宽带还能为社会创造价值。

就是在这种背景下，网心科技于 2014 年 1 月启动了水晶计划，该计划包含了迅雷赚钱宝和星域 CDN 两个项目。在经过一年多的内部讨论和产品选型过后，网心科技最终没有选择打造一款会赚钱的路由器，而是做了一个独特的智能硬件，也就是今天的迅雷赚钱宝。对个人来说，迅雷赚钱宝是世界首款能赚钱的智能硬件，用户分享自己的空闲带宽即可获得收益。对网心科技来说，迅雷赚钱宝是一个布局在普通人家里的微型服务器，为旗下另一产品线星域 CDN 提供了更低成本、更快传输计算的能力。对社会来说，迅雷赚钱宝解决了大型机房消耗资源多的问题。

网心科技以迅雷赚钱宝为基础初步构建了共享经济云计算模式，目标是把闲置的带宽资源、计算资源、存储资源全部连接在一起，然后提供给需要的人。

3. 创新思路

什么是智慧生活？很多报道都描绘了这样一副场景：开车时能在后视镜收发信息，开会时可以实现无纸高效会议，照镜子能实时更换多种造型，冰箱门可以显示食物是否新鲜，下班的时候可以提前打开空调……总的来说，智慧生活就是利用创新技术，打造智能化、人性化、更便利的生活服务。

不仅如此，目前智慧生活已经升级为"智慧城市"，人们相信，信息技术在未来几年可能会给城市发展带来惊人变化。随着智能技术发展，未来城市的关键基础设施通过组成服务，会使城市的服务更有效，为市民提供人与社会、人与人的和谐共处，成为智慧城市。

毫无疑问，智慧生活正在成为全社会的整体发展趋势，由各种智能硬件支撑起来的智慧生活产业，未来空间无限。尽管智慧生活已是大势所趋，但整体趋势之下，何种产品才是真正的智能硬件，才能真正受欢迎，仍然是一个值得思考的问题。

4. 灵感搜集

Uber、滴滴打车和 Airbnb 让汽车和房屋成为人们最熟悉、最容易理解的共享经济，但其实共享经济的范围要广阔得多。在中国，万众创业的热情和资本的青睐正让共享经济突破常见的住行领域，在更多领域内与更多普通人走得更近。网心科技运用智能硬件"迅雷赚钱宝"，尝试让共享经济走进每个中国普通家庭的客厅，并为这些家庭带来回报。

除了继承了迅雷十余年国内领先的云加速技术、云计算部署能力之外，网心科技独创了多项创新技术。

迅雷赚钱宝，它与客厅里的路由器连接，每个普通家庭都可在不影响正常网络使用的同时，将平时处于闲置状态的带宽高效收集并处理后，再提供给互联网企业使用。

5. 最终方案

从目前已有的经验和教训来看，市场对空炒概念却缺乏实际功用的产品并不买单，各种形形色色的智能硬件给人留下的第一印象就是长得都差不多。从外观来看，手环、手表式的智能硬件很多，从具体功能来看，都在做运动计数、健康监测之类的功能，整体来看呈现出严重的同质化。

实际上，这种同质化竞争正是当前智能硬件市场诸多问题的源头。而迅雷赚钱宝则避开了这些常见的智能硬件领域，从一开始就瞄准一个独特的功能：收集用户家中空闲的带宽、存储和计算资源，提供给有需要的企业，然后再返还相应的收入给用户。这种用共享经济理念打造出的服务，此前市面上从未出现过，所以一推出，就收获了众多眼球和追捧。

迅雷赚钱宝用共享经济的理念打造出独有的功能，从而形成深度的差异化竞争。网心科技的强大创新能力，形成了最坚实的竞争壁垒，至今在赚钱类智能硬件领域，迅雷赚钱宝仍然独树一帜，至今仍无同类产品。这就是这款产品能在一年多时间里收获 500 万粉丝的基础。

此外，迅雷赚钱宝的用户还能够通过插件的方式使用下载宝等功能，享受数据共享、数据备份、多端影音体验等诸多功能。这意味着迅雷赚钱宝将告别过去单纯的资源再利用模式，广大用户将由此更深入地参与共享云计算，获得更为广泛的价值反馈。

6. 价值体现

（1）真正实现躺着能赚钱的梦想

用户家中的带宽绝大部分处于闲置状态，搜集用户空闲带宽并产生收益……这不是未来科技，迅雷赚钱宝可轻松实现，通过迅雷独特的 P2SP 技术，对用户家中闲置的带宽进行收集，循环利用，通过水晶回报用户（10000 水晶 =1 元人民币），如图 5-13 所示。

图 5-13　迅雷赚钱宝截至 2015 年 11 月的相关数据

（2）与几十万玩客一起完成 2 亿元"情怀"账单

截至 2015 年 11 月，迅雷赚钱宝为全社会节约了价值 2 亿元的空闲带宽资源，在全国布建 30 万个节点，为国家节省下 800 万度电，相当于为一个百万人口城市减排 6700 吨二氧化碳。在这份账单的最前面，迅雷赚钱宝打出了一句口号：致有想法、敢行动的玩客们。这里的玩客指的正是迅雷赚钱宝的五百多万粉丝们。迅雷将其称为"玩客"，一拍即合，携手完成了这张颇具"情怀"的 2 亿元年度节约账单。

如果对 2015 年的迅雷赚钱宝再做一个盘点，发现它拿下了诸多颇具分量的业内奖项，这些奖项大都指向"创新"二字。业内曾有人指出，正是通过由外至内的创新，迅雷赚钱宝得以成为今年最炙手可热的智能硬件。

在外部模式上，迅雷赚钱宝可称得上是敢想敢为，大胆地将近两年新兴的共享经济模式首次引入了智能硬件和云计算领域。不同于传统的费时费力增建 IDC 机房的方法，网心科技通过赚钱宝，可发起无数个人家庭用户共享出总量远远高于骨干网的带宽容量，以真正满足互联网新时期高速增长的带宽需求，"用环保、高效的共享模式做云计算将是未来趋势"，网心科技 CEO、迅雷联席 CEO 陈磊称。

5.4.2 快鸟——准确把握用户需求

1. 项目背景

网络通信服务一直是由网络运营商直接销售给最终用户，中国电信、中国移动、中国联通、中国广电四大网络巨头几乎垄断了整个网络运营商行业。虽然有几家小公司在夹缝中求生，实行薄利多销的经营策略，但用户心里普遍有一个准则："一分钱一分货"。由于可供选择的运营商不多，因此，用户已经对各家运营商所提供的良莠不齐的网络信号质量习以为常，并归咎于自己购买了"价格低廉"的网络套餐，而没有过多地去要求网络运营商提高网络服务质量。

终端用户虽然对如今的网络现状不满（见图 5-14），但对网络运营商固有的不加苛责的思维使得用户并没有意识到自己可以拥有更好的网络使用体验。

2. 预期目标

迅雷作为"快速下载"的代名词被用户铭记，在网络加速的专业领域上有一种强烈的使命感。因此"快鸟"项目应运而生，旨在"在网络加速的专业领域上，不断挖掘，并准确把握用户时刻变化的需求"。

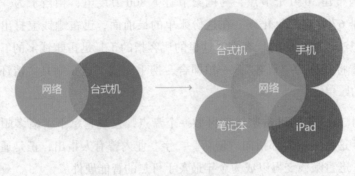

图 5-14　如今的网络压力越来越大

3. 一般方案

源于全球电信监管的反垄断浪潮，在二十世纪九十年代出现了一种新的业务模式——"移动虚拟网络运营商模式"（见图 5-15），实质是移动通信服务由移动网络运营商批发给虚拟运营商后，由其重新包装成自有品牌并销售给最终用户。虚拟运营商在运营中会更注重客户群、品牌以及分销渠道，因此消费者的福利有了很大的提升，包括在网络使用体验上。

图 5-15　新的网络分销渠道使终端用户受惠

4. 方案分析

近年来，虚拟网络运营商在全球移动通信市场的份额稳定在 2% 左右，并呈现出稳步上升的趋势。但这一模式在国内而言，还是新生婴儿。因为国家在通信管理方面相当严格，只有拥有信息产业部颁发的运营牌照的公司才能架设网络。这样一来，完全是运营商控制了与终端用户的关系，虚拟网络运营商模式依然是座不可攀登的高峰。

5. 灵感搜集

在此情况下，迅雷是否有可能帮助提升广大用户的网络使用体验呢？纵观市场上现有产品，并无可参照和对比的竞品，所以快鸟项目组在迅雷客户端发起用户调研，旨在了解新的网络环境下用户真正的需求。经过调研发现，广大用户除了不满足于当前的网络运营商模式外，对网络速度也有了新的要求——不再满足于单纯的下载功能，而是希望享受更多的在线内容。

为了改变这种现状，项目组需要重新去分析用户需求，重新定义"谁"在"什么环境下"想要解决"什么问题"。在这种变化之中，目标用户已经从原来的"下载用户"默默转型为"上网用户"，需求也从"下载快"转变为"无阻碍的上网"，"无阻碍的上网"有可能是在下载文件，也有可能是在看视频，还有可能是在玩游戏，如图 5-16 所示。无论是哪一种需求，都可以归结于"便捷快速的上网"。这时，如何去满足用户在上网时有快捷的网速成为了我们新的产品目标。

图 5-16 网络发展前后用户需求的变化

一直以来，迅雷有一项特色功能——迅雷会员的"高速通道"广受好评，但其不足之处是只能针对下载文件进行加速。针对用户新的需求，项目组必须在现有产品的基础上进行突破与创新，不再固守于当前的成绩，一味地停留在提高下载网速上，而是追踪到用户需求的上游，将着力点放在用户的整个"带宽"上——提升宽带，而非下载网速。对用户的"带宽"进行加速，这是所有竞品包括迅雷自己想都未曾想过的事情，一直以来这都是电信与联通等运营商在做的事情，但是在新的需求下，产品应遵循实际情况去做自己力所能及的改变，才能做出新的产品。快鸟，便在此情况下诞生了。

6. 最终方案

在用户新需求的推动下，项目组与电信、联通等运营商合作，通过技术手段，用增加用户物理带宽的方式提高用户的网速。用户家中的带宽，可以比作是流着水的水管，当用户家中的"水管"比较窄的时候，水流再大都会受制于当前水管的直径。但是，如果把水管的横截面拓宽，同样的条件下，流水就会变多。具体来说，当用户家中的带宽为8M时，速度最大值可能维持在1M/s。但是，如果通过使用快鸟提速，使带宽提升到20M，网速就会达到2.5M/s，这样用户无论是在线观看视频、游戏还是购物，都能享受带宽加速和流量提升的服务。

当下的产品使用环境千变万化，在产品设计中，只有及时把握用户需求才能迎合市场需求的变化，在为公司提供商业价值的同时，为用户提供更多的使用价值。

方案不断精进——准确把握用户时刻变化的需求。

项目成立后，一直在不断完善产品。产品正式运营半年后积累了很大一批用户，但由于其本身工具的属性，用户的使用频率较低，未开通会员的用户长时间不使用后逐渐沦为沉默用户，但快鸟每天会有大量的试用机会给用户，如何唤醒沉默用户对产品进行试用，成为提升产品使用率的一个关键问题。在对"现有的唤醒方式是否可行"进行调研后，我们把用户反馈的问题归纳为如下几个场景：

❏ A用户：每天开机时启动，告诉我快鸟可以提速，我是偶尔需要，不是每天都需要，而且在我一开机的时候提醒我，我只会将它和其他的弹窗一起关掉。

❏ B用户：我见到右下角的弹窗的第一反应就是：广告！关掉！

❏ C用户：其实这个功能挺好的，我只是希望它能在我网速不好的时候出现，不用在我试用完了再出现一次。

❏ D用户：每天出现的弹窗，内容一堆，谁会静下来认真地看上面写的啥？关掉！

在产品需求的挖掘中，通过分析现有的问题，倒推出产品需求，也是一种常用的方法。通过这些用户的反馈，我们可以发现现在的方案中有如下问题：

❏ 弹窗广告性质太强，容易引起用户反感。

❏ 提示用户的频率和方式不符合用户的使用场景。

❏ 提示信息过于复杂。

根据以上三点，我们调整了唤醒用户方式的设计方向，如图5-17所示。

如何将现有的免费试用信息简化后包装成用户可接受的方式，成为接下来设计的重中之重。项目组开始关注电脑屏幕上各处的位置，在哪里提示用户才不会反感？无论是 Windows 的右下角弹窗，还是 Mac 的右上角弹窗，这两种方式都是系统的常用方式，用户对这样的方式已经有一定的认知，会将这些内容默认为"广告"，如果再从这上面下功夫，很难获得想要的结果，于是，所有人的目光开始转向系统底部的操作栏。

图 5-17　分析现有问题倒推设计方向

这是一次大胆的尝试，将产品信息全部呈现于系统底部，不仅文案需要简化再简化，同时产品在不同场景下的各种提示、异常处理，对于新方案来说都是一个很大的挑战！但是挑战与机会并存，我们一直致力于为用户打造良好的体验，可是什么样的体验才算是好的体验呢？我们知道，一个好的体验应该符合人的日常社交心理，作为一个程序或者产品经理，在与"人"打交道时不应该过多地"问问题"，特别是在一些不合适的时机，即使需要询问用户，也不宜将用户停留在界面过长时间。在新的方案设计中，将产品信息包装成系统内容呈现给用户，是一种最轻便、最不会打扰用户，也不会引起用户反感的提醒方式。

找到了合适的位置对用户进行提醒后，接下来要解决的问题是如何在有限的位置下呈现多变的流程信息以及异常情况。

首先进行信息简化：原有弹窗中的"段落式"的内容要精简为"10 字"以内，如图 5-18 所示。

在简化信息的基础上，将产品的整个流程在规定的"十字展示区"呈现，最终方案如图 5-19 所示。

图 5-18　弹窗界面设计

备注：简化信息在任务栏提示状态

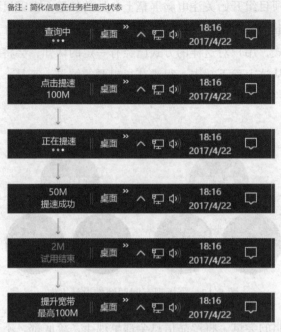

图 5-19　PC 端信息前置设计方案

周鸿祎曾说："用户体验的创新（微创新）是决定互联网应用能否受欢迎的关键因素"。微创新需要我们以用户为中心，将自己置身于产品真实的使用环境中，去感受用户在受到提醒时深深的厌恶感，去感受用户需求，从而抓住用户真正的痛点，完成设计方案。

5.4.3　拥抱趋势——网站设计之 VR 体验

1. 创意背景

从计算机的发明到智能手机的普及，我们的生活越来越离不开虚拟世界，而真实一直是人类的追求。所以，人类一直在虚拟中不断接近真实，电影从 2D 到 3D 的转变，平面投影到全息投影，VR 这一行业也不断在发展。2016 年，VR 行业取得了不错的成绩：Oculus 和 HTC Vive 开始向消费者供货、谷歌宣布了其 Daydream 项目，这一系列的成果似乎都表明 VR 时代悄然来临。

然而，由于开发成本高、内容单薄、呈现形式单一等种种原因，VR 的普及遇到了意想不到的阻碍，各大 VR 厂商都有自己的硬件和软件，但是几乎所有系统都会有浏览器，通过浏览器可以使开发者用非常小的成本就能兼容几乎所有 VR 设备，其中包括手机模拟的 VR 设备，并且由于 Web 自身具有不需安装、便于传播、便于快速迭代等特点，WebVR 成为大家共同研究的课题。

我们不得不思考这样一个问题，VR 逐步引起大家的关注和重视，那么将 VR 体验引入到我们的产品当中，尝试做一个类似的网站似乎成了一件让人值得期待的事情。

2. 预期目标

VR 博客是迅雷公司维护的一个关于各种 VR 前沿资讯的网站，在网站设计上，为了体现 VR 这一元素，我们需要进行革新。VR 体验强调用户沉浸感，要让用户有身临其境的感觉，所以在设计上我们要有以下突破：

❑ 页面布局要打破传统的规律排列，需要找到一种新的布局方式；
❑ 页面效果上要带来视觉上的冲击；
❑ 页面内元素要具有立体感；
❑ 页面支持 VR 设备体验。

3. 传统方案

在传统的网页布局中（见图 5-20），网页子模块一般是纵向排列，模块与模块之间会有明显的间隔，而模块里的内容则限定在已经划分好的矩形区块之中。

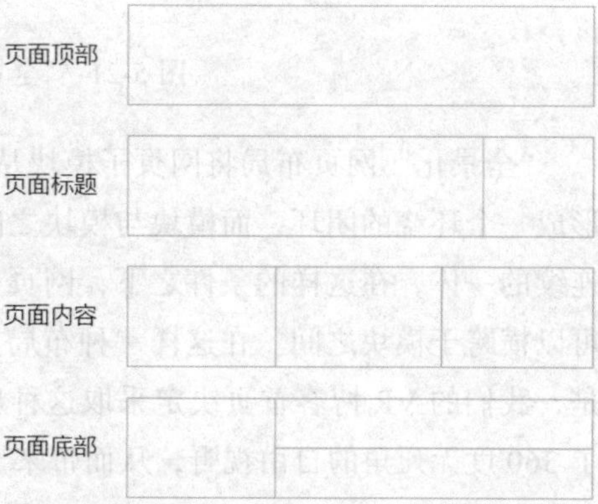

图 5-20　传统网页布局

在这样一种布局方式之下，用户一般都是从上到下、从左到右浏览，很难找到一种能让用户拥有沉浸式体验的展现方式，所以我们需要找到一条新的出路。

4. 创新思路

WebVR 的实现基础是 3D 网页，在 H5 技术已经相当成熟的今天，WebGL 得到普遍支持，3D 网页的实现已经不是一件困难的事情。

3D 网页，即通过在计算机的二维屏幕上运用虚拟 3D 技术，让网页元素产生远近明暗等效果，从而模仿真实世界中的 3D 距离感，给人以身临其境的感觉，让用户可以像在现实里一样环视整个场景。而 3D 效果最初应用得最多的就是全景图一览，即将六个平面图通过各自平移和旋转组合成一个立方体，将观察点设在立方体中心，然后呈现到屏幕上，用户通过鼠标操作对立方体进行旋转，从而达到模仿真实世界中观看实景的效果。

全景图一览的视觉效果正是 VR 体验中强调的用户沉浸感，所以我们将这种展示方式和网页结合起来，将平面图换成网页里的子模块，这样，我们得出了一种新的布局方式——"网页全景化"，如图 5-21 所示。

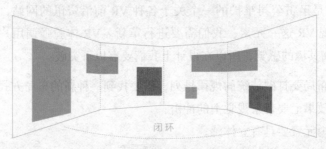

闭环

图 5-21 "全景化"网页布局

"全景化"网页布局将网页子模块从纵向排列变为横向排列，并将首尾相连，形成一个环绕的闭环，而模块与模块之间不再存在明显的界限，它们甚至可以是连续的一体，在这样的条件之下，网页里的元素布置就有了更多的选择，它甚至可以横跨于模块之间。在这样一种布局方式之下，我们看到了更多的可能性。于是，我们的 VR 博客首页决定采取这种新的布局方式，采用全景化来处理，加入了 360 度无死角的自由视野，从而带来了身临其境的沉浸感。

5. 灵感搜集

在确定 VR 博客的布局方式之后，我们开始思考细节的处理方式，当时正好是"双 11"，在浏览了天猫的"双 11"宣传页后了我们有了新的思路，如图 5-22 所示。

这个页面采用了"一镜到底"的效果，通过拉近和拉远镜头让用户仿佛在立体空间中穿梭，带来了震撼的视觉冲击，而这种勾起人们感官刺激的体验正是我们想要在网页上展示的 VR 效果。于是，我们在 VR 博客的背景处理上，尝试引入这一新的元素。

图 5-22 天猫的"双 11"宣传页

对于页面内元素的展示，我们也尝试了多种效果，后来借助运用样式的 CSS3 变换属性，形成一个 3D 球体（见图 5-23），带给了我们新的灵感。

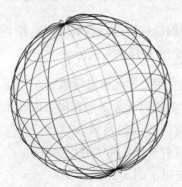

图 5-23 CSS3 实现 3D 球体

这个球体是由 n 个平面通过各自平移旋转而得，而每个平面是一个圆形，在此基础上，我们将圆形换成其他更多样的形状之后发现，会得到各种我们意想不到的立体元素。此外，我们将每个面的自转速度和旋转角度作了不一样的调整之

273

后，也得到了各种不一样的展示效果，我们需要的就是这种立体感。设想球面里是个页面，而你就在球体内部中心位置浏览页面。

6. 最终方案

经过大量的前期准备，接下来就是把一块块碎片逐一拼接起来成为一个完整的网站。

（1）构建 3D 场景，搭建网页的基本框架

VR 博客首页在布局上打破一贯的传统展示方式，采用网页全景化来处理（见图 5-24）。首页共有四个子模块，分别是："首页"、"VR 体验"、"硬件资讯"和"游戏 / 影视"。所以，我们采用四面柱体作为网页的基本架构，将每个模块分别进行平移和旋转来形成一个闭合的四面柱体。

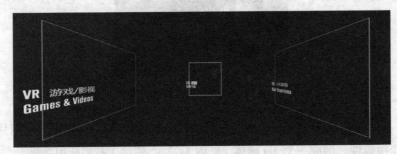

图 5-24　博客网页全景化

用户可以通过鼠标对四面柱体进行旋转来浏览各个子模块，这些步骤都可以借助强大的 3D 引擎 Three.JS 来轻松完成。

（2）细化每个子模块，用立体元素进行填充

子模块的构建与平常的网页无异，而在模块内的元素构建上，我们需要别出心裁。除了给首页模块配图行用的是雷鸟形状外，在"VR 体验"、"硬件资讯"和"游戏 / 影视"这三个模块内，选用了图 5-25 所示的三种形状作为立体元素的基元。

图 5-25　子模块元素

我们通过 CSS3 的变换功能，将 n 个平面形状进行各自旋转，最后产生出三种不同效果的立体元素，并将其添加到相应模块上，如图 5-26 所示。

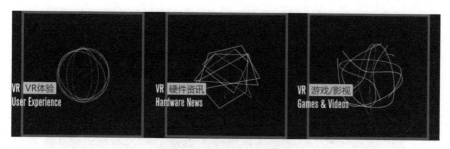

图 5-26　子模块元素展示

（3）背景特殊处理，为网页锦上添花

在网页背景上，我们引入了星空这一元素，如图 5-27 所示。首先，我们采用四张星空图片，分别作为四面柱体每个平面的背景，给网页奠定一个星空的基调。除此之外，为了呈现出"一镜到底"的立体空间穿梭感，我们决定采用星星粒子的效果，让星星粒子不断从远到近进行穿梭，由屏幕中心不断往屏幕四边飞行，带来震撼的视觉冲击。

图 5-27　博客背景元素

（4）后期页面整合

为网站内容添加上一些其他基本元素（如 LOGO、提示信息等）之后，VR 博客的首页内容部分已基本完成，博客首页效果如图 5-28 所示。

此时浏览页面需要鼠标左右操作才能体验全景效果，要通过 VR 设备浏览，我们为此给页面增加了一个 VR 模式（见图 5-29）。只需要在项目中，引入 webvr-polyfill.js，它可以基于普通浏览器实现 WebVR API 1.0 功能，然后引入 VRControls.js、VREffect.js 两个脚本库。

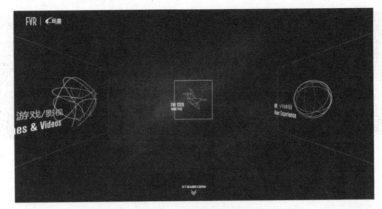

图 5-28　博客首页效果

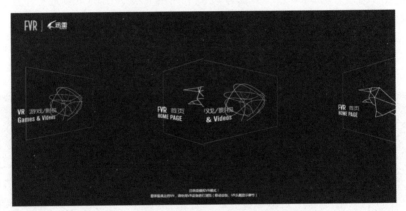

图 5-29　博客首页 VR 模式

　　VRControls.js 能让用户以第一人称置于场景中，为了与用户产生适当的交互，需要获取设备的状态信息（如手机的旋转倾斜）并作用到场景当中。

　　VREffect.js 负责分屏，为让体验者有更深的沉浸感，通常会根据用户瞳距将屏幕分割成具有一定视差的两部分，就是把屏幕显示切割为左眼和右眼所视的屏幕，利用人的双眼立体视觉让屏幕中的内容看上去有立体化的效果。

　　用最具性价比的手机 VR 盒子设备即可体验效果，通过手机访问页面并将手机放入 VR 盒子中，这时来体验一下完全不一样的感受吧。

　　虽然影响 VR 体验效果的因素有许多，VR 在软硬件、内容体验方面还有很多改善空间，并且 WebVR 仍处于 W3C 的草案阶段，但并不影响我们利用现有的技术来创造。随着技术的发展这些也将都不是问题，做这个网站也是一种尝试。创新的路上没有捷径可走，只有通过不断的尝试和摸索，才能逐步找出那条可以让我们继续走下去的道路。

5.4.4 心理建设——想人所想

1. 项目背景

环视各大公司的招聘官网，无不是以功能型为主，一味以老板或业务部门的需求为主，像公告榜一样张贴着人事招聘内容。但渐渐的，求职人才的数量出现了下降的趋势，HR 们陷入了又累又被抱怨的尴尬境地。

2. 预期目标

把迅雷招聘官网打造成能够吸引更多高素质人才，同时能够推动公司业务发展，兼具传播企业文化的专业网站。

3. 传统方案

传统的招聘网站，第一屏基本会展示各种"I want you"的轮播图，吸引人才对企业产生兴趣，进而有明显的搜索框，引导人才对职位进行搜索，再放上最新最热门的招聘职位列表，甚至显眼的薪酬，供人才快速浏览，如图 5-30 所示。

图 5-30　传统招聘网站

4. 方案分析

如果像运营网站一样去经营企业的招聘网站，那主要方向就开始走偏了。HR的工作之一是快速为各个空缺职位找到恰当的人才，用运营技巧经营招聘网站：

- ❑ 导致冷门却又急需人手的岗位空缺的时间更长；
- ❑ 求职热门职位的人才更多的是受到高薪的吸引，容易导致尸位素餐的现象。

5. 灵感搜集

大部分招聘网站在建立的初期是从企业的角度出发，企业或部门需要什么样的人才，把这种需求写成文案，做成 Banner，用尽各种方法去展示。创新不妨用逆向思维，从人才的角度出发，他们的需求就是我们的钩子，因此我们开始进行人才需求分析：

- ❑ 高素质的合作伙伴：真正拥有高远志向的人才，一定不甘心于做一个事务型的员工，更希望成为一名战略伙伴型的职员，这就需要良好的公司职业文化氛围。
- ❑ 符合自身发展：有追求的人才都有自己的职业发展规划，公司的发展方向是他们看重的一个因素。
- ❑ 合适的激励：公平、成就、关系是影响激励的三要素，倾向于一流的企业必须要有一流的企业文化。

看重以上三点要求的人才，也恰好是公司需要的人才的必备属性，如图 5-31 所示。

图 5-31　人才与企业的需求相匹配

6. 最终方案

迅雷招聘官网最终效果如图 5-32 所示。

1）抛弃传统的功能型招聘网站方案，转型成战略伙伴型的企业宣传网站，整个网站以展示企业文化为主（见图 5-33），结合人才需求的三点要求，让浏览网站的精英们产生共鸣，进而产生想进入这家企业工作的想法，利用公司里面的典型事件、典型人物来塑造企业的文化氛围（见图 5-34），要知道，"榜样的力量

是无穷的"，这样可以激发出更多的"典型"。同时要包含工作环境和福利待遇等
介绍，如图 5-35 所示。

图 5-32　迅雷招聘官网效果图

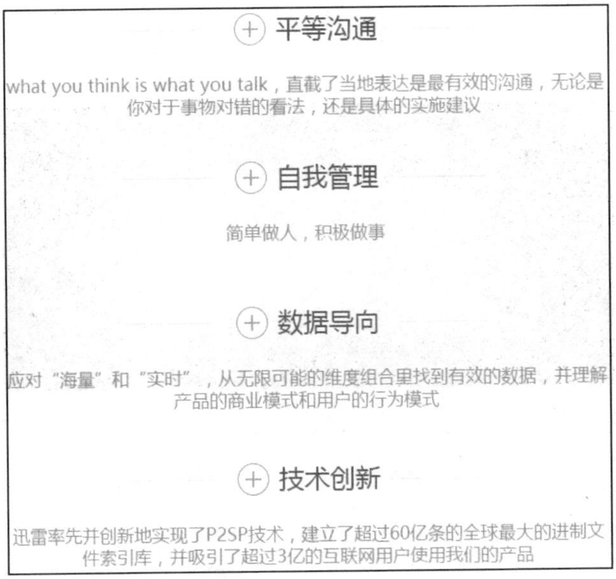

⊕ **平等沟通**

what you think is what you talk，直截了当地表达是最有效的沟通，无论是
你对于事物对错的看法，还是具体的实施建议

⊕ **自我管理**

简单做人，积极做事

⊕ **数据导向**

应对"海量"和"实时"，从无限可能的维度组合里找到有效的数据，并理解
产品的商业模式和用户的行为模式

⊕ **技术创新**

迅雷率先并创新地实现了P2SP技术，建立了超过60亿条的全球最大的进制文
件索引库，并吸引了超过3亿的互联网用户使用我们的产品

图 5-33　迅雷企业文化及发展方向

图 5-34　高素质的合作伙伴

2）留出职位搜索渠道和入口，从交互上进行合理的引导，如图 5-36 所示。

3）配上符合企业形象的科技感设计，无形中在浏览者脑海中塑造了企业高
大上的形象。

图 5-35　工作环境与薪酬福利等激励制度

图 5-36　充满科技感的设计与动效，明显又不突兀的职位搜索入口

　　此次招聘官网的重大转型，其成功不仅体现为求职人数明显上升（见图 5-37），而且提高了招聘人才的质量，更重要的是提升了迅雷的企业形象。这个创新又一次验证了少数派与逆向思维的有效性，也更加验证了现代社会心理战术的重要性。

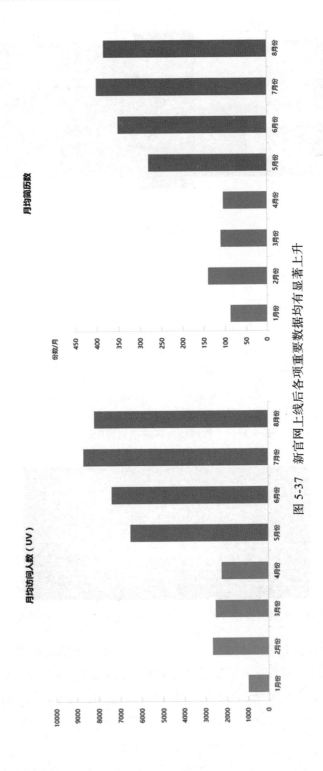

图 5-37 新官网上线后各项重要数据均有显著上升

5.4.5　极客的创意——重构设计用代码画画

1. 创意背景

互联网急速发展的时代，用户已经离不开移动互联网的陪伴。移动互联网最关键的一个因素是流量，内容为王的意识渐渐成为主流，界面的视觉设计更多的是辅助作用，简洁风盛行。用户对流量耗损度的关注与页面加载速度同样重视，为了给用户更好的体验，网页的制作再也不是以前的"切图＋文字"的制作方式了，更多开始注重整体的优化。

2. 传统方案与分析

移动端的优化分为 5 个方面，如图 5-38 所示。

图 5-38　移动端优化策略

加载方面已经有很多成熟的插件与应用；脚本和样式方面也有成熟的自动化工具；渲染方面更多靠的是页面开发者对浏览器渲染原理熟悉度和经验；图片方面从原始图片的应用，到如今众多压缩工具的出现，主要在于图片文件大小和清晰度之间的衡量。

随着网页技术的不断发展，图片内容的展示方式有着更多的技术可供选择：

❑ CANVAS：进行动画交互是它的优势，在静态图片的利用上显得大材小用，且涉及 JS，在便捷性和复用性上优势不大，向后兼容性不佳。

❑ SVG：在静态图形上可塑性高，复用性强，但其代码门槛也相对高和复杂，其组合形状的动画交互也需要使用 JS，又增加了一个文件的引入，甚至插件的引入，只为了使用其中一个功能，造成代码的冗余。

由此看来，图片方面有更多的空间可以下手。

3. 灵感搜集

在图片压缩技术已经相当成熟的今天，是否可以换个方向去思考，如果我们用其他东西替代图片呢？用代码替代图片已经有一定的尝试了，比如用 base64 技术去替换图片，但没有规律的代码维护起来相当不易。例如，在平时的项目中经常会使用样式进行小圆点和三角形的仿画，矩形、圆角更是不在话下，这些都是基本的几何形状，是否可以效仿七巧板的组合原理，对基本形状进行不同组合，得到数量级的图形变化，如图 5-39 所示。

图 5-39　七巧板的无限可能

4. 创意应用

在实际工作中找共同点，首先想到的是纯色系列，图形简单的 icons，与七巧板相似，都是由矩形、圆形、多边形互相剪切叠加的变化得来。感谢技术的发展和极简化设计的流行，应用样式的伪元素就能画出一个由图 5-40 所示三个基本形状组成的简单 icon。通过样式的命令控制，还能实现瞬时颜色

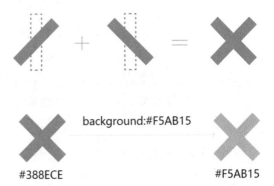

图 5-40　基本几何图形组成 icon & 简单命令控制实现瞬时颜色变换

切换功能，加上 CSS3 技术的成熟，还可实现 icon 的变形动画（见图 5-41），增强交互性和视觉效果。

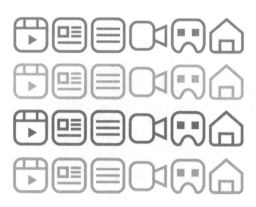

图 5-41　CSS3 轻易操作 icon 的变形动画

5. 应用数据

使用 CSS 代码绘制图片，对程序员来说是一种挑战，但从实用性来说，可减少很大一部分文件体积。如图 5-42 所示，左侧的一张充值成功的提示图片，即是用 CSS 代码绘制的。在某项目中，所有用户操作提示图片均用 CSS 代码绘制，最终的重构文件大小为 20KB，而采用图片的重构文件大小则有 44KB，最终减少的文件大小达 50% 以上，如图 5-42 右侧图所示。

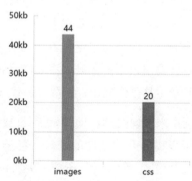

图 5-42　用样式画图，文件体积大小减少了 1/2

用 CSS 代码绘制图片，不仅可减少文件体积，提高加载速率，更可灵活控制一些微小的动画效果。如图 5-43 所示，这是用 CSS 代码绘制的简萌版雷鸟，原理是把五官分组绘制再组合，可用代码轻松地操控各个部分做出各种有趣的动画效果。由于静态书的局限，无法显示动画效果，有兴趣的读者可展开想象力，自己尝试一下。

图 5-43　用样式画的雷鸟，可简单操作各个部位

用代码画画只是业余时间的一种技能探索，对于未知的探索，绝对不是无用的消遣。只要嵌入了对的齿轮中，就能合理地运行。因此，拥有极客精神也是连接创新之路的一座桥梁。

5.4.6　Don't repeat yourself——自动化工作流

人类社会从手工作坊跨入机器化大生产时代后，社会生产效率有着相当大的提升，并在不断地改进。作为一位技术人员或者一个技术团队，可以说，效率和创意是最为重要的两个绩效指标。虽然专业程序员只是近几十年才诞生的职业，但其作业方法的演化也遵循着相同的道路：从起初单纯文本工具的开发到借助集成工具，输出效率的提升也有着翻天覆地的变化。如今，编程开发有许多便利的辅助开发工具可供使用，都源于一代又一代的程序员对效率孜孜不倦的追求。

近年来，便捷的辅助开发工具已接近饱和状态，各技术团队也纷纷开始寻找新的可以提升开发速度的入口。对于"网页重构"这种诞生不到 10 年的新职业来说，"优化工作流程"还是一大块可以打磨的原石。不能否定，一个工作流的好坏会直接影响工作的效率、质量以及编码积极性。因此，我们团队结合程序员惯用的行事准则——DRY（Don't repeat yourself），希望规划出一套可以精简冗余、重复、琐碎环节的高效工作流，在提升工作效率的同时也提升工作愉悦度。

过于细分的工作流有一个显著的特点就是——工作内容过于单一，这也是细分工作流的一个缺点——极易造成从事这一工作者产生厌倦的心理。"重构"处于细分工作流的一个环节，最开始设想的工作职责就是"切图——拼合成页面"，以至于以前经常被称为"页面仔"。直到"重构"开始关注自身的职业价值，对于重构页面工作流的再次细分，整理优化出一套相对专业的工作流程（见图 5-44）时，才能让重构的工作内容变得有趣。

图 5-44　重构工作流程图

从图 5-44 中我们看到的是一条清晰的工作流，想要对这种变数不大的工作流进行优化，生成模板是再适合不过的了。固定的页面布局、图片尺寸、内容模块……"重构"的页面输出效率从优化前的一天一个，提升到了一天多个（固定模板的情况下，见图 5-45）。我们很欣喜有这样的效率提升。

图 5-45　模板的静态活动页

前面提到，技术团队最重要的两个考核指标是效率和创新。一成不变的事物无疑是创新的杀手，效率在不断提升，但需求并不会随着增加，这无疑会导致人员的冗余。很久前就不断有人预言"机器化时代终将导致失业率的增加"，人们倒是渐渐地很乐意把一切都自动化。自动化解放了人类的双手，从而让人类有更多的精力投入到更高的追求中。

随着技术的发展，重构的工作内容也在不停变化，从静态页面到动效页面，再到近年逐渐火爆的 VR 体验，我们需要花更多的精力去学习应接不暇的新技术，去发挥我们的创意，把工作做到极致，唯有提高效率才能解放创意，而不是守着效率忽略其他重要的支线。我们相信不同领域的发展历史总是相似的，于是开始尝试顺应时代的步伐，把重构工作流变得自动化起来。

自动化工作流的构建得益于技术的不断进步，只要编写相应的脚本文件，使用自动化构件工具——例如 gulp，就能让一段程序控制另一段程序，从而环环相扣，实现自动化流程。如今硬件设施是有了，那软件设施——如何设计自动化流程又是一个需要思考的问题。

让我们想象一间工厂，员工是不是只有在老板出现的时候才会工作呢。很显然不是，其中有一个角色起着重要的作用，那就是监工——负责安排工作、监督工人、把控产品质量、为事故负责。监工很明显是重要角色，我们从这一生产环节中得到不小的启发，设计了一套自动化工作流程，如图 5-46 所示。

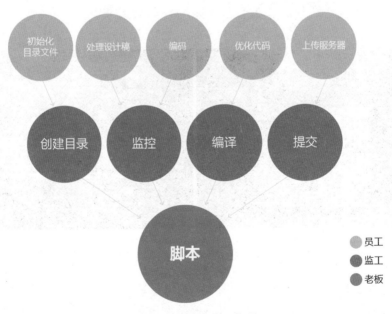

图 5-46　自动化工作流

从图 5-46 中能看到，起初精简的模板工作流程在引入自动化工作流后，我们只需要把更多的精力投入到黄色齿轮模块便能顺利完成整个工作流程。

最初的网页只要能显示文字和彩色的图片就已经让人惊叹不已，随着技术的不断发展，网页呈现出太多玩法了，我们把原来需要经过 5 个工作流程才能完成的工作浓缩到两步完成，从而节省出更多的时间用于更好地提升产品价值，这才是设计技术团队的价值。

5.5　结语

从对象，到技巧，再到灵感，从而整合出一个创新的产品，没有先后顺序之分，有时是新技术的诞生促成了一些天马行空的创意，从而诞生了一款产品；有时是新颖的概念推动了技术的发展，从而催生了各种具有创意的产品，说到底都是各种因素的相互影响。因此，如果创新有迹可循，那它一定不是一条单行道，也许应该是一座立交桥。

每个团队都可以遵照本章提到的关键点和思路，打造适合自身团队的创新方法体系。但问题总是层出不穷，更重要的是要不间断地调整方法论的一些不合理之处，才是制胜之道。本章提出的方法论只是为我们解决问题铺设轨道，保证我们在寻找解决方案时不至于脱轨或停滞不前，记住要握好方向盘，随时准备调整方向，才能继续在创新的道路上翻山越岭，勇往直前。

推荐阅读